Shuixia
Shengwu
Daguan

水下生物大观

本书编写组◎编

本书以图文并茂的形式介绍了水下生物的相关知识，读者从中可以更多了解水下生物的种类以及形成的过程。

世界图书出版公司
广州·北京·上海·西安

图书在版编目（CIP）数据

水下生物大观／《水下生物大观》编写组编．—广
州：广东世界图书出版公司，2010.8（2024.2 重印）
ISBN 978－7－5100－2608－9

Ⅰ．①水… Ⅱ．①水… Ⅲ．①底栖生物－普及读物
Ⅳ．①Q179.4－49

中国版本图书馆 CIP 数据核字（2010）第 160400 号

书　　名	水下生物大观
	SHUIXIA SHENGWU DAGUAN
编　　者	《水下生物大观》编写组
责任编辑	陈世华
装帧设计	三棵树设计工作组
出版发行	世界图书出版有限公司　世界图书出版广东有限公司
地　　址	广州市海珠区新港西路大江冲 25 号
邮　　编	510300
电　　话	020-84452179
网　　址	http://www.gdst.com.cn
邮　　箱	wpc_gdst@163.com
经　　销	新华书店
印　　刷	唐山富达印务有限公司
开　　本	787mm×1092mm　1/16
印　　张	13
字　　数	160 千字
版　　次	2010 年 8 月第 1 版　2024 年 2 月第 11 次印刷
国际书号	ISBN　978-7-5100-2608-9
定　　价	49.80 元

前　言

　　也许我们这个行星的名字取错了。我们的祖先对陆地的知识比对海洋多，因此称我们的行星为"地"。要是他们当时知道"地"（即地球）的表面有 3/4 布满了水，那他们说不定会在"地"字旁加上三点水。

　　生命起源于水中，过了千百万年之后才有若干种类生物适应到陆地上生活。然而，水提供的生存空间比陆地大 100 多倍，其中繁衍着形形色色的生物，从极小的单细胞植物到庞大的鱼和水栖哺乳动物，应有尽有，有的生活在阳光普照的水面，有的生活在深数千米黑暗的水下。因此，我们应该把水域叫做活的水域，把海洋叫做活的海洋。

　　海洋有 14 亿立方千米，是一个庞大的生存空间。在这广大的环境里，生活着一大群"海洋居民"。约 20 万种虾蟹鱼兽，1 万多种植物，还有数不清的微生物，构成了神秘多彩的"海洋社会"。在海洋生活中，为适应海洋环境和生存斗争需要，"海洋居民"演化出了各自神奇的功能，形成了奇特的交流方式。相互之间有爱情；有纯朴的父爱母爱；有尔虞我诈；有残酷搏杀……它们的生存之争，留下了一个个奇妙的故事，也留下了许多神秘的现象。

　　在淡水水域中同样有种类繁多的淡水生物。虽然世界各地的淡水只占地球总水量的一小部分，但是它为生物提供了多种不同的水生环境，养育

着无数奇特而美丽的动植物。它们同样以自己特有的生存方式存在，向大自然展示着自己的与众不同。

　　《水下生物大观》是窥探生存于广大水域，从微生物至大型鱼鸟的读本。其内容丰富多彩，非常有趣味性，相信一定会得到广大水下生物爱好者的喜爱。

目录

SHUIXIA SHENGWU DAGUAN

水下生物大观

水下微生物

一滴水，晶莹透亮，肉眼看上去，里面什么也没有，把它放到显微镜下，嘿，真是别开生面了！看哪，有像闪光的"表带"，有像细长的"大头针"、扁平的"圆盘"，甚至像精致的"铁锚"……令人眼花缭乱。这是些什么呢？

水中无形的"化工厂"——细菌

在介于植物和动物之间一种生命体，那就是肉眼难见的细菌。2001 年 9 月 11 日恐怖分子袭击美国纽约和华盛顿之后 1 个月，又出现炭疽菌生物的恐慌，生怕恐怖分子搞细菌战。但细菌的存在并不都是"坏蛋"，在海洋中的绝大多数细菌，对海洋是有益的，不可缺少的，它们形成了一座巨大的无形的"化工厂"——分解海洋动物、植物的尸体，把有机物转变为无机物。这种分解和转变对海洋生命来说是极为重要的。没有这些细菌，海洋中的植物、动物也都活不成了。但这种状况是不会发生的，因为这座无形的"化工厂"每时每刻都在生产植物、动物所需要的各种元素。

植物要靠光合作用来生存和繁殖，要吸收海水中的养料盐类来维持生活。在海水中的氮、磷元素少到一定程度时，光合作用就无法进行，植物就难活命。假如养料盐类得不到补充，那海洋生物也要因缺食而绝迹了。因为有庞大的细菌群体存在，因此这种事情就不会发生。因为这些细菌有严密的分工，各司其职——腐败细菌把动植物尸体分解成氨和氨基酸，硝

1

化细菌的职责是将氨和氨基酸氧化成为硝酸盐，硝酸盐是浮游植物制造有机物必须吸收的营养物质。在这个"化工厂"里还能生产出动植物需要的磷酸盐和大量植物需要的二氧化碳、氨和水。细菌还参与海洋的化学变化，使一些化合物沉到海底。因此，海底的沉积物的性质和分布，与细菌大有关系，尤其是海底石油，要是没有细菌的活动是无法形成的。

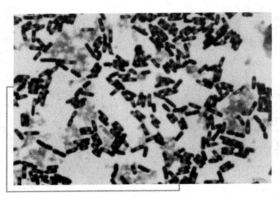

细　菌

细菌还能利用酶这个惊人武器，帮助动物消化。许多动物肠子里，1毫升食物中就有几百万个细菌，形成庞大的"食品加工厂"。可见细菌这小生物，是海洋中不可或缺的成员。

不同的区域不同的环境，细菌也是有千差万别的。公安系统的专家们，也常常利用细菌来破案。有的犯罪分子为了逃避作案地域，常常在海上把人杀死，把尸体弄到陆上，或者在陆上杀死后，把尸体抛到水中。公安人员只要取出死者胃中或腹腔里的水体进行化验，真相就能大白。海水中有大量的硅藻菌，如果死者胃中或腹腔里存在这种微生物，那么作案现场是在水上，否则，就不是。有的作案者，在东海杀人，把尸体抛到南海，企图迷惑公安人员，逃避罪责。其实也是没有用的，因为东海与南海的硅藻菌种类完全不同，在显微镜下形状完全不同，妄图瞒天过海是没有用的。小小的硅藻菌使许多犯罪分子阴谋败露而落入法网。

地质学家的朋友——有孔虫

在海洋中还生活着成千上万种浮游小动物，可以说在海中它们无处不在，在这奥妙无穷的世界里，有着它们的天地；它们许多成员中也神通广大。就拿有孔虫来说吧，它被地质学家当成了朋友，能揭开海陆演变的历史。

有孔虫广泛地分布在世界各个海洋中。它是个大家族，据统计有1000多属，3万多种，并且还以每天增加2个新种的速度飞快增长。

有孔虫的全身由1个细胞组成，它大小只有海边1粒沙子的大小，在显微镜下形态各异，有瓶状、螺旋状、透镜状等。

有孔虫的最大特点，是祖祖辈辈都以海洋为家，生生死死都不离开海洋。没有海水的地方，找不到它的踪影；哪里有海水，哪里就有有孔虫。活着的时候有孔虫在哪里繁衍、嬉戏，死亡之后就埋葬在哪里。有孔虫就是海洋发展的最有力的见证人。

有孔虫

有孔虫这一特点，被地质学家看中和利用。许多桑海巨变之谜，都是有孔虫揭开的。江苏南通到连云港一带，过去有不少地质学家有争论，不少人认为过去大海光临过，为了证明这一点，终日辛苦，到处寻找埋藏在这一带海底下的旧时遗址，然而劳民伤财，一无所获。后来科学家知道有孔虫是海里必有的动物，结果在几十米的地下深处，发现埋藏着大量的有孔虫化石，完全证明距今10万年前后古黄海到达南通—盐城—连云港一线。这证明那时的黄海要比今天大得多。这一奇妙的结论，就是地质学家发现的。他们在考古中挖到地下80～90米，却找不到有孔虫的化石，而是发现埋藏有陆地上形成的泥炭和生活在淡水湖里的螺化石。这些化石证明，距今36000年前，今日的滔滔黄海，曾是一片桑田沃野。

大海的"测深计"——介形虫

有一种介形虫，它虽然只有0.5～1毫米大小，却被科学家喻为"大海

测深计"。

为什么它有这个称号呢？原来它有一种特殊的性格，不同的介形虫，在大海里生活在不同的深度里。浅海里的介形虫，绝不会到深海中去，深海中的介形虫也绝不到浅海中去。地质学家就抓住它这一特性，利用来测量大海的深浅。科学家发现，在黄海西北部，有一种中华丽花介形虫，专门生活在 1~20 米海中；在黄海北部，有一种穆赛介形虫，专门生活在20~50 米的海中；在黄海中部，有一种克利介形虫，专门生活在 50 米海深以下。这些介形虫尽管五花八门，但它们都居于严格的水深区，绝不互相乱窜。所以科学家找到不同的介形虫，就能画出一幅简单的海底地形图。

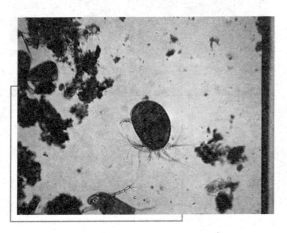

介形虫

介形虫不但可测出大海深度，而且利用它的遗体和化石，还能追踪历史变迁的踪迹。例如地中海和大西洋，古时到底是否连接在一起，考古学家曾争论几百年，谁也下不了结论，因为缺乏证据，再精密的仪器也无法回答，如今发现了一种深海角介形虫，它只能生活在深海，包括地中海的陆地沉积物中有多处发现，这证明几千年前，地中海是大西洋一部分，水深可达几千米。是后来沧桑巨变而形成了地中海。

介形虫种类很多，已知的有 2500 余种。多呈三角形、卵形、梯形等，一切海洋中都有它的分布。

具纤毛的单细胞生物——纤毛虫

具纤毛的单细胞生物，纤毛为用以行动和摄取食物的短小毛发状小器官。通常指纤毛亚门的原生动物，约有8000个现存种，纤毛通常呈行列状，可汇合成波动膜、小膜或棘毛。绝大多数纤毛虫具有一层柔软的表膜和近体表的伸缩泡。有些有丝泡、毒囊或菌囊等小器官，其功能尚不甚了解。虽然大部分纤毛虫营自由生活和水生生活，但有些种类如致痢疾的肠袋虫属则是寄生的。还有许多种类是在无脊椎动物的鳃或外皮上营外共栖生活。纤毛亚门可能是一个高度特化的类群，仅有一纲——纤毛纲，并以纤毛为依据分成4个亚纲：全毛亚纲、缘毛亚纲、吸管亚纲和旋毛亚纲。

纤毛虫属纤毛门，大多数纤毛虫在生活史的各个阶段都有纤毛，以纤毛作为运动细胞器。纤毛在虫体表面有节律地顺序摆动，形成波状运动，加之纤毛在排列上稍有倾斜，因而推动虫体以螺旋形旋转的方式向前运动。虫体也可依靠纤毛逆向摆动而改变运动方向，向后移动等。

纤毛虫具有大核和小核各一，偶尔也可见到几个小核，以二分裂法增殖或接合生殖。前者采取无丝分裂，后者为有丝分裂。接合生殖时，遗传特征由小核传递，但也有证据表明大核可能含有决定虫体表型特征的因子。在虫体的近前端有一明显的胞口，下接胞咽，后端有一个较小的胞肛。

纤毛虫作为原生动物中特化程度最高且最为复杂的一个门，是一大类通常行异养的单细胞真核生物，具有高度的形态和功能多样性。其个体大多在20～200微米之间，分布极为广泛，常见于海淡水、土壤等多种（含极端）生境中以及包括人类在内的多种宿主。目前全球已知约9000种，其中逾1/3生活在海洋中。

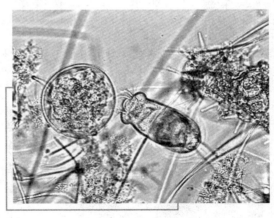

纤毛虫

纤毛虫具有以下3个典型特征区别于其他原生动物：①通常终生，或生命周期的某个时期生有纤毛，用以运动及辅助摄食。纤毛由毛基体发出，

可形成列或簇等特征性图式，与相连的微管及纤维系统，统称为"纤毛图式"，是现代分类学的主要依据。②具两型核，即细胞核由司营养的多倍体大核和司生殖的二倍体小核组成。③大多具有摄食用的胞口，其内通常附有复杂的口纤毛器；吸管虫类则以吸管作为摄食胞器，而某些寄生类群则完全缺失胞口。

纤毛虫是几乎所有生态系统中的重要功能类群，而某些种类却是赤潮成因及海洋经济动物的致病原。我国具有丰富的海洋纤毛虫多样性，但该类群在历次海岸带资源调查中均为缺项，许多生境（如海洋底栖）中的纤毛虫研究仍为空白。目前国内记录的海洋纤毛虫仅约 300 种，大量物种尚有待于发现。

进行纤毛虫的生物多样性与分类学研究，不仅有助于了解该类群的构成与分布，从而进行有效的资源开发与环境保护，而且将为解答有关生命起源与进化、核质关系以及微型生物的物种概念等基本生物学问题提供独特的研究材料。

生物"温度计"——放射虫

放射虫是一种单细胞的原始微小动物，只有 0.2 ~ 0.3 毫米，目前科学家已经查明的就有 6000 种。

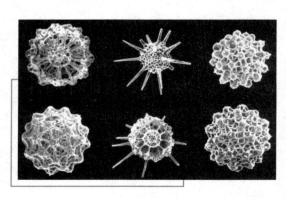

放射虫

为什么放射虫被生物学家喻为"生物温度计"呢？是它的生活特殊习性，使它成为一种卓有成效的生物温度计。因为放射虫对水温有严格要求，它分为暖水种和冷水种。暖水种只生活在炎热的赤道大洋区或温热的暖流区；冷水种只能分布在远离赤道的北纬 40 度以北水域。水温就像是一道道围墙，把放射虫牢牢各自圈在自己生活的天地内。因此，从放射虫的分布，就能看出大洋中各处水温的分布。肉眼难见的放射虫，就这样忠实地记录着大洋温度的变化。

放射虫这一特殊习性，被地质学家考古学家利用了，成了他们考查古海洋温度的证据。因为堆积在海底的放射虫，本身就是一份古海洋水温变化的原始记录。当水温升高时，堆积的放射虫自然是暖水种；当水温降低时，堆积的放射虫应该是冷水种。

科学家们对太平洋北部喀斯喀特盆地 35000 年以来水温变化进行了研究，他们就是从放射虫身上得出这一变化的曲线水温图的。36000～12000年前，全球处于寒冷的冰河时代，海区中的放射虫不仅以冷水种为主，而且数量剧减。12000 年以后，全球冰期结束，进入温暖的气候期，此时海水中的放射虫又以暖水种数量剧增为特征。放射虫对水温变化的反映既灵敏又准确。

可见，放射虫既帮助着人们了解古海洋温度变化，又记录着今天海洋温度变化，它是海洋温度记录的信息库。

水下微生物

水下植物

　　水下和陆地上一样，既有动物，也有植物。水下的植物有数千种，绝大多数是藻类。海藻大致可分为 2 大类：①在水中浮游生活的浮游藻类。它们个体很小，主要是一些单细胞藻类，以硅藻和绿藻为主。浮游藻类体态轻盈，随波逐流，在辽阔的海洋中，凡有光线的地方就有浮游藻类的足迹。它们主要靠阳光和海水里的营养盐类生活，是海洋里有机物的基本生产者。它们不仅含有某些维生素，而且还含有人体所需要的多种营养物质。②大型的底栖藻类。它们用假根附着在海底或岩石上，直接从海水里获得营养物质，它们种类、形态多样。

海底森林

　　在北美洲阿拉斯加到洛杉矶之间的沿海一带，在水深 5.25 米的海底，生长着一种外形非常奇特的海藻，叫留氏海胞藻。它是一年生的海藻，一般高 40~50 米左右，最高可达 90 余米。它虽然很高，但"茎"很细，直径只有 1~2 厘米，末端还有一个引人注目的气囊。气囊内盛满了混合气体，主要是一氧化碳，其容量可达数升。在气囊的顶部有一排叉状分枝的短柄，短柄上生长着 32~64 片"叶片"，这些"叶片"长可达 3~4 米。"茎"的基部有一较小的固着器，固着器具有稠密的叉状分枝，将藻体固着在海底的岩石上。整个藻体好像一只系着无数绶带的气球，随波荡漾在海洋里。因此，它又被称为绶带藻、气囊藻等。

在南太平洋沿岸低潮线以上较深的海底，生长着一种外形酷似一棵"树"的海藻，它的躯干直立，高度约 3 ～ 5 米，粗细却与人的大腿相仿。"树干"上部具有不规则的二叉分枝。在繁多的分枝上，向下垂着约 1 米长的"叶片"。基部有像根状的固着器，将藻体牢牢地固着在岩石或其他基质上。它单生或丛生，有时能够形成相当规模的海底森林。在高潮或半潮期间，整个森林都沉浸在水中，退潮以后，上部"枝叶"才能露出水面。

在北美洲，从美国的加利福尼亚到加拿大的温哥华岛沿岸，生长着一种像热带棕榈树的海藻，它的"茎"较粗，中空而富有弹性，看上去如同一根表面光滑的橡皮管子。"茎"的上端有短短的叉状分枝。在分枝上，向下垂着 100 ～ 150 片狭长的

海 藻

叶子。在"茎"的基部，有一个较大的半球形假根固着器，把整个植物体牢牢固着在岩石上，这种海藻像高山青松般挺立于中潮带或低潮带的岩石上，能够经受较大风浪的冲击。

虽然海底森林在人们的视野里显得洋洋大观，但构成海底森林的大型藻类其内部结构十分简单，整个藻体可以统称为叶状体，没有真正的根、茎、叶的分化，与高等植物有着根本的区别。由于大型海藻具有柔软的身躯，所以能屈折自如，随意摆动。大风大浪虽然能把海岸、码头损坏，却损坏不了这些海底森林，在近岸，它们起到了天然防波堤的作用。

海洋覆盖了地球表面积的 71%，是生命的摇篮，也是资源的宝库。海洋生物的种类达 16 万种之多，而目前得到开发的仅占 1%。随着世界人口的激增和耕地的减少，加之陆地资源的日益枯竭和环境污染的日益严重，人们不得不将眼光转向海洋这个资源宝库。

在海洋生物资源中，海藻占据着特殊的重要地位。海藻对温度的适应能力极强，因而世界各大洋几乎都有海藻分布。海藻主要靠阳光和海水里

的营养盐类生活，是海洋里有机物的生产者。海藻储备的有机物相当于陆地植物的 4～5 倍。海藻的增殖量极大，据统计推算，海洋藻类每年的增长量约有 1300 亿～5000 亿吨。海藻还是最基本的生命物质——脂肪酸的供应者，海藻中含有 20 多种溶脂性的和溶水性的维生素，其中包括有浓度特别高的维生素 B_2、维生素 C，还有在一般植物中所没有的维生素 B_{12}，也含有少量金属元素。海藻除含有高能量的碳水化合物之外，还含有相当高的蛋白质及抗细菌、真菌、病毒、肿瘤和辐射的各种生物活性物质。目前，世界各国都在加紧开发海藻这个天然资源，海藻的利用范围和价值在不断地扩大和提高。

人类食用海藻的历史源远流长。在我国的古书《救荒本草》中，就有晋朝大旱之年，人们采集藻类植物充饥的记载。在远东，早在公元前 2700 年以前就开始采集海洋植物食用。在新西兰、澳大利亚、爱尔兰、苏格兰和法国食用海藻也有很长的历史了。海带、紫菜、鹿角菜、裙带菜、石花菜等是最普遍、最常用的海藻食品。据测定，海带内含褐藻酸 24.3%，粗蛋白 5.97%，甘露醇 1.13%，灰分 19.36%，钾 4.36%，碘 0.34%；裙带菜的干品中含粗蛋白 11.26%，碳水化合物 37.81%，脂肪 0.32%，灰分 18.93%，以及其他维生素。日本人历来把海藻视为长寿食品，学生每日需定量吃海藻，以促进脑细胞的发育，开发智力。现在海藻的利用不断有新突破，人们利用海藻能制造出许多花样翻新的食品和菜肴。国外用海藻制成的食品已有 200 多种，如海藻面条、海藻冰淇淋、海藻酸奶、海藻罐头、海藻点心等。在一些空间技术发达的国家里，还使用海藻做味美和易于消化的宇宙食物。近年来，我国推出的绿藻补碘面条，也是一种大众化的海藻食品。

海藻中所含的蛋白质、脂肪和碳水化合物要大大超过谷物和蔬菜，如褐藻和红藻平均含蛋白质 20%，绿藻的蛋白质高达 45%，而荞麦和小麦则分别只有 9% 和 14%。海藻中某些维生素的含量也超过许多蔬菜和水果，如海带中的维生素 B_2 含量等于土豆的 200 倍，胡萝卜的 40 倍。随着科技的发展，海藻的食用价值将进一步被开发和利用。

除食用外，海藻自古以来还被作为牲畜的补充饲料。波罗的海沿岸国家，人们每年都把数以千吨的海藻直接用作牲畜的饲料，或作为生产饲料和肥料的原料。在澳大利亚沿海，每当潮水退去后，人们就把大批牛羊赶到岸边来吃海藻，牛羊长得膘肥体壮。不少国家用海藻或海藻与其他饲料相拌喂养猪、牛、鸡，获得可喜的成果。

海藻还是重要的工业原料。从石花、江蓠、麒麟菜、伊古草中可以提取琼胶，琼胶可广泛用于科学、技术和医学等领域，在实验室用琼胶作培养基培养各种细菌和微生物；食品工业上用琼胶来生产果酱、乳脂、汤、肉膏、水果汁、水果膏等；琼胶在香水和化妆品制造中是不可缺少的；在医药工业中，琼胶被用来制造药物，如乳剂、散剂、胶囊、膏丸和硬膏里面都含有不同分量的琼胶。

从海带、马尾藻、巨藻、海囊藻、羽叶藻等海藻中可以提取褐藻胶，褐藻胶具有广泛的用途，在食品工业上，可用褐藻胶制造肠衣，包装食品，做汤和点心的添加剂，加到啤酒中可使啤酒长期储存而不变浑。把鱼、肉保存在褐藻酸钠中，可保鲜一年不变味。在医药上，褐藻胶可做补牙的牙模，制药片时加入褐藻胶可使药在胃中很快分解，褐藻胶也可作为生产胰岛素进行离子交换的介质。褐藻酸钙线是一种可被吸收的材料，用它缝合伤口不用拆线。用褐藻胶可以生产人造革、油布和硫化硬化纤维素，还可用它在混凝土建筑和公路建筑中隔热。褐藻胶也用于生产纸张和薄纸板、不透水的纺织物和水彩颜料、火柴头及电焊条包皮。把褐藻胶添加到蒸汽锅炉用水中，炉内就不会产生锅垢。在造林上，把树苗的根放到褐藻胶溶液中浸泡一下，不但成活率高，栽上以后长得比一般的树苗还要快。

从许多海藻中还可以提取钾、碘、甘露醇、甲烷、乙醇、轻油、润滑油、石蜡、橡胶、塑料等多种工业产品，而且海藻作为一种新的生物能源，为解决未来的能源问题开辟了一条崭新的途径。美国的海洋科学家在离太平洋沿岸城市圣地亚哥大约100千米处建立了一个水下种植场。在水深12米的海中，人工移植了一种巨型褐藻，它一天能生长60厘米，含有丰富的有机物质。据研究，只需借助于某种细菌，就可以把这些有机物质转变成可燃气体——甲烷；还可以采用简易的加热法，把它们变成"类石油"产品。据有关专家计算，一个面积为40平方千米的水下种植场，能够为一个

5 万人口的小城市提供全部需要的石油。一个延伸 750 千米的大型海藻种植场所提供的甲烷，足够美国目前所使用的全部天然气量。目前，美国能源部与太阳能研究所正在扩大实验，在水池中灌注海水培养这种单细胞的海藻，用来直接炼制汽车用的汽油与柴油。随着世界能源的日趋紧张，海藻必将成为能源家族中不可忽视的成员。另外，海藻还具有较高的药用价值。

藻中之王——巨藻

在这海底森林中，还有一种巨藻，就像是陆地上的巨杉。根据有关资料记载，最高巨藻可达 100 余米，有的人说可达 500 米，被称为"藻中之王"一点也不过分。

巨　藻

巨藻分布在太平洋沿岸、非洲南部沿岸、大洋洲沿岸，以及这些海域的海岛沿岸。这种巨藻的茎不像陆地杉树那么粗，而是很细，一般直径只有 2 厘米，但韧性很强，在水中曲折摆动。叶片长约 40 ～ 100 厘米，表面粗糙，边缘有锯齿，茎部有气囊，而且有一短柄与茎相接。气囊会使叶片漂浮于水面，以利于进行光合作用。茂密的"叶片"能覆盖很大海区，有时可达数百平方千米，形成一个相当可观的褐色藻蓬。

这种巨藻是多年生植物，生命期可长达 12 年。巨大的藻林有利于生态环境，不但使海域植物众多，而且也吸引了大批腹足类、甲壳类和无脊椎类动物，成了它们的天堂，同时也是经济鱼类的栖息地，对保护渔业资源很有利。

这些巨藻还具有重要经济价值。它含有丰富蛋白质和多种维生素以及矿物质，不但可以食用，也是重要饵料和饲料。在工业上也有广泛用途，不但可提取多种药品，而且也可用于橡胶、塑料等多种工业产品，在国防军工上也有重要用处。近年来它引起科学家的极大兴趣，把它当成了未来人类解决食物和能源的"宝贝"。美国已经建立起巨藻海底"农场"，要大规模种植用来提炼石油。

巨藻科的所有种类，都属于冷水性海洋植物，生长在寒带和亚寒带，亚热带和热带也能生长。但这类巨藻生长区都有特定环境，要在沿岸较深的海底。这种海底"森林"巨藻，都是用孢子繁殖后代，所以称为孢子植物，这与构成陆地森林种子植物相比，在植物界的进化上是十分低等的。因此，虽然它们在人们视野里是"海底森林"，但只能是跟菌类相提并论的低等植物。高等植物都有根、茎、叶之分，而巨藻内部构造十分简单，只有叶状体，外部看去有根、茎、叶，实际上没有根、茎、叶之分。这种巨藻，我国科学家已从墨西哥移植到中国，正在北方一些沿岸深海里试种。不久的将来，"海底森林"也会在我国海洋中出现。

一望无边的海上"草原"——马尾藻

海底有"森林"，海上也有"草原"。1492 年 9 月 16 日，哥伦布率领探险队正在茫茫的大西洋上航行。忽然值班人员大声地叫喊起来："船长！前面有片大草原，你们来看啊！"哥伦布一听感到奇怪，举目一看，万分惊讶，远方的确出现一片郁郁葱葱的大草原，几乎望不到头。哥伦布兴奋地说："我们发现新大陆了！"他欣喜若狂地下令船队高速前进。但是，当他们驶近"草原"时，不禁大为失望，原来并不是什么"草原"，而是无边无际的海藻！更奇怪的是，这一带海面风平浪静，死水一潭，宛如幽静的内地湖泊一般。

15 世纪时的船没有动力机器，完全靠风帆作动力，空中没有风，海上全是茂密的草，船无法前进，哥伦布只好下令开辟航道。他们用了 3 个星期的时间，用刀割，用手捞，用人力划船，硬是冲出了这可怕的"草原"。大

家欢呼雀跃，好像是逃出了魔鬼海一样。哥伦布把这片海取名为"萨加索海"，意思是"海藻海"，后来人们把它取名为"马尾藻海"，因为这些海草模样像马尾巴。

马尾藻

"马尾藻海"是舰船航行者的坟墓，有大批舰船误入其中，成了马尾藻的牺牲品。在这一海区，航海者见到的是阴森凄惨的景象，无数大小船只残骸横七竖八地露在海面，有船底朝天的，有船头翘起的，有尾部朝天的，也有露出半截子桅杆的。船到达这一魔鬼海区，一旦被海藻缠住，就像被魔鬼抱住一样，十有八九船要沉没。1894年，有个名叫斯可特的帆船探险家，冒险进入"海上草原"后发现没有一点风，四处是残骸船，一些黄绿色的海藻像大蟒蛇一样从四周爬到船上，十分恐怖。第二次世界大战时期，一个英国特工队的船进入这片海区，闻到令人恶心的海藻奇臭，伸手去拉海藻会黏手，胳膊腿被它碰到过都会留下血痕。到晚上，这些海藻会爬上船来。指挥官奥兹明只好叫士兵通宵达旦挥刀跟海藻搏斗，两天两夜才逃出这片"海上草原"。

马尾藻海在美国东部海域，恰好在北大西洋环流中心，众所周知的百慕大三角区几乎全在这一海区内。有1000海里（1海里约合1852米）宽，2000海里长。北大西洋环流绕马尾藻海一圈，大约需要3年时间。从东面的亚速尔群岛到西面的巴哈马群岛的广阔海面上，分布着许多块"草原"，总面积达到450万平方千米。既蔚为壮观，又奇特得令人费解。为什么会形成这片世外桃源的大洋中的"草原"呢？科学家们经过考察，终于发现跟大西洋环流有关。这股环流宽约60~80千米，深达700多米，流速每昼夜150千米。环流日夜奔流不息，像一堵旋转着的坚固墙壁，把马尾藻海从浩瀚大西洋中隔开。大西洋的水几乎流不进马尾藻海，而马尾藻海的水也流不出圈外，形成了一个广阔无垠的水上"世外桃源"。这个"海上草原"像只魔术箱，常常变出一些令人惊奇的现象。科学家们在探测中发现，马尾藻海的海平面，要比美国大西洋沿岸的海平面高出1米多，可是令人不解的是，那里的水却始终流不出去。

这些"海上草原"还有遁身法，神出鬼没，时隐时现，有时茂盛的水草突然失踪，有时又突然布满海面，景象神奇而又壮观。

有些科学家把百慕大三角比作一头发怒的狮子，经常发怒，在环流圈外横行霸道；把马尾藻海比喻成是一条在环流内冬眠的巨大蟒蛇。前者给人带来恐惧，后者给人神秘感。别看"草原"恬静而文雅，可是常常隐藏着杀机，不止一次地发生过莫名奇妙的怪事。

1968年9月的一天，"海上草原"万里碧空，千里无云。一架代号为C132的客机飞越该海上空，乘客们正在兴致勃勃地观看这壮观景象，弄不明白为何出现"海上草原"。可是，谁也没有想到，飞机突然失去控制，鬼使神差似地坠入海中，一声爆炸之后就消失了。1973年3月的一天，一艘摩托艇驶入"海上草原"，不久，那海草像魔鬼似的从四面八方伸出黑手，把摩托艇拖下海去，神秘失踪了，连残骸也找不到，至今人们无法查清原因。

丰富多彩的海上"菜园"——菜藻

在海藻植物中，还有很多种是人们餐桌上的菜肴，中国人最喜爱的就有3种：海带、紫菜、裙带菜。还有供海味凉拌的各种海藻制造的胶粉，有细毛石花菜、小石花菜、江蓠、扁江蓠、海萝、鹿角油萝等，人们把它们誉为"海上菜园"。

平时我们经常食用的是海带，又名叫昆布、海白菜，它原产于寒带和亚热带的海岩石上。我国首先在大连海域发现，水产专家进行研究培养，于1956年南移到舟山群岛，获成功之后又在全国推广。开始只能在透明的清海水中养殖，在浑水中无法成长。后来水产专家又进行研究，终于解决

了这个难题，可以在沿岸海域大批地养殖。

海带喜生长在水层较深，水流畅通、水质肥沃、水温较低的海域里。适宜水温5～10℃，10～20℃还能继续生长。每年的11月至翌年5月是海带养殖期，而6～9月是海带盛产期。海带为橄榄色，晒干后成为褐绿色。

养殖的方法是筏式养殖，即是在天然的海域，让海带藻生长在网、绳索或竿上。养殖时，把海带、紫菜或裙带菜按一定距离分别夹在绳子上，绳子绕在水中的浮架上，浮架用竹筒或玻璃球作浮子，将绳子两端固定在海底。这样藻类吸收海水中的养分而成长。

常吃海带能祛病延年。它含有3‰～7‰的碘，人体缺碘会引起甲状腺肿大。甲状腺内分泌甲状腺素，它具有兴奋交感神经、促进新陈代谢作用，使蛋白质、糖和脂肪的代谢加快，促进幼儿发育。如果人们在发育期内甲状腺功能衰退，就会发生幼儿呆小症：骨骼发育不全、身体矮小、智力差。反之，甲状腺功能亢进，就会产生心悸、发汗、易倦、粗脖子，手指颤动等现象。食海带还有降低血压的作用。海带含有甘露醇，可以降胆固醇、防心脑血管硬化。海带碱度大，还可对食物中肉食的酸性起中和作用。海带的褐藻酸有帮助排泄作用，能防止便秘引起的癌疾。

美国科学家近年来在试验种植一种巨形海带，在大洋上大面积种植，用来提炼"生物石油"，开辟新能源之路。

裙带菜生命力极强，自发和养殖都发展很快，一片片，一簇簇，不怕风吹浪打，生机盎然。更可贵的是2～3月份，恰巧是北方蔬菜品种单调季节，它却繁殖异常快，味鲜美，给市场和每户餐桌上带来了鲜气。

海藻是海味凉粉制作的重要原料。酷夏，放上一盘海味凉粉，可为美味佳肴，有清凉解暑之功效。

最常用于制作凉粉的海藻叫石花菜，老百姓又叫它冻菜。它多年生，紫色，具有复杂的羽状或不规则的分枝，一般高10～20厘米，常丛生于大潮干线附近，或者是潮下带5～6米的海底。在我国北海、东海、南海都有生长。种类也很多，有小石花菜、细毛石花菜、大石花菜和中石花菜等。它也是重要的工业原料。我国利用其生产的琼胶，不但历史悠久，而且畅销国际市场。

制作海味凉粉很简单。首先将海石花菜洗净，用 50～150 克干石花菜加到 5～9 千克水中，放在锅里熬煮，煮成溶胶后，用纱布过滤在容器内，冷凝后就成凉粉了，加点糖和果汁等作料，就可以食用了，那可是下酒的好菜啊！

除石花菜制粉外，还有鸡毛菜、仙菜、江蓠等藻类，也可制食用凉粉。这些菜在广大海域沿岸都能生长，一般都长在潮水波及的地方。这些菜几乎在日本、美国、澳洲及非洲也都能生长。

海中不但出产凉粉，而且还能直接生长粉皮。这种海藻真似一张张紫红色的粉皮，所以人们叫它粉皮菜。主要分布在我国黄海、渤海沿岸，是极好的副食品，每当夏秋生长季节，居民们都忙着去采集。有一种名叫锡兰的海膜的海粉皮，是台湾人民喜爱的一种食物。

每到春季，在海边朝阳的岩石上，还生长着一种十分奇特的海藻，形状和颜色像一簇簇的牛毛，人们叫它海牛毛。它的学名叫海萝藻。既可食用当菜，又是工业原料。

值得一提的是紫菜，在岩边礁石边上生长，繁盛地区，整个礁石好像紫色地毯，在阳光下熠熠发光。这种海菜人们并不陌生，市场上到处可见。它的种类也很多，可分为甘紫菜、长紫菜、皱紫菜、坛紫菜、边紫菜和条斑紫菜等，营养价值都很高，做汤味鲜美，是我国人民最喜欢的汤菜。

海味植物做的菜实在太多，不可能样样说全。如果说海洋蔬菜同陆地蔬菜有什么区别的话，那就是海洋蔬菜颜色更绚丽多彩。

前途无量的食品——螺旋藻

在西班牙和墨西哥的一些沿海小镇上，500 年前就用湖里、海里捞起的藻类，做成五花八门的软饼在市场上出售。这种藻，就是螺旋藻。400 年后，科学家们对这种"蓝色或绿色"软饼的原料——螺旋藻进行研究，结果有一个惊人发现，它含蛋白质占它净重的 70%。而且科学家还发现，这种藻极易生长，繁殖惊人。许多湖泊和海域，螺旋藻占 80%～99%，一些动物和植物几乎无法生存的地区，它照样旺盛地生长。

螺旋藻含蛋白质如此高，说明它的营养价值比大豆要高。联合国粮农组织有关专家，对它蛋白质的质量也进行过鉴定，它的氨基酸平衡完全达到理想标准。从螺旋藻中提取的粗蛋白中含有蛋氨酸、色氨酸和其他必要的氨基酸，这些氨基酸的含量即使不比酪朊——牛奶中主要的（也是唯一的）蛋白质——中的含量高，也和其他差不多。螺旋藻的蛋白质只是比较缺乏赖氨酸。但它跟其他藻类相比，更适合作食物和牲畜饲料。因为这种藻是原核生物，它缺乏高等生物体的那种高度组织的细胞结构，其细胞壁主要由纤维素物质组成，这种物质容易消化，它比得上细菌里形成的非纤维素物质。

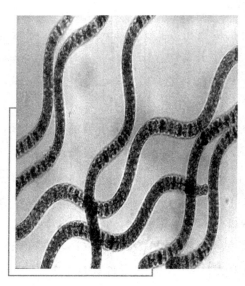

螺旋藻

那么螺旋藻为何今天没有推广到大量在人类食品中应用呢？这里有个关键问题需要长期实验观察，那就是螺旋藻含有核酸较高，约占4%，高于一般植物含量1%～2%，而核酸在长期食用中可能危害健康。

那么近30年来科学家的实验，到底有哪些发现呢？主要有3点：①螺旋藻含有几乎全部色素，有绿素的绿色、类胡萝卜素的红色、叶黄素的黄色、紫黄素的紫色。在饲养动物时，加进螺旋藻，鸡的蛋黄和鲤鱼的肉，颜色更深了，更接近自然色。肯尼亚的火烈鸟的粉红色，就是因为这种鸟的主要饲料是螺旋藻。②动物饲养中，如果全部应用螺旋藻作饲料，生长要快，在动物生活期间没有发生不良后果，尸体解剖后，各种器官、肌肉都没有发现异常现象。③对墨西哥阿兹特克人和乍得的加奈姆人进行实验调查，已经证实，在有控制条件下，食用螺旋藻对健康没有影响。螺旋藻可以成为供人食用的蛋白质的一个来源，这一点在美国引起了人们很大的兴趣。

科学家所以预言螺旋藻是未来前途无量的食品，还有另外2个重要原因：①螺旋藻要求的生长条件极低：二氧化碳、水、无机盐和阳光，但需要碱性强的生长介质，而这种介质对其他微生物是不适宜的。②螺旋藻生长快，产量惊人。

螺旋藻可以在露天池塘、湖泊、水库、洼地、海洋、封闭的塑料管道，甚至房顶的水池里培育生长。每天每平方米的产量净重可达20克，单位面积年产量估计可比小麦高10倍，蛋白质含量接近大豆的10倍。如果小麦产的蛋白质转化为动物蛋白后，人才能吃；假如螺旋藻直接供人吃，那么它比小麦作为动物蛋白来源作用高100倍；如果跟牧草作对比，螺旋藻产生的效果将比牧草高近30倍。而且许多国家开始了螺旋藻的工厂化生产。科学家预言：螺旋藻有可能解决全球的能源、食物和化学原料等供应问题。这在全世界人口猛增、土地减少，粮食、能源不足的今天，螺旋藻可能是"救世主"的降临，完全有可能成为人类生存最有前途的食物新源。

能预报天气的怪树——海柳

在南沙群岛，渔民们经常从深海里钓鱼时钩上一枝枝海树，有的有拇指粗，有的比拇指还粗，这些海树呈褐黑色，叶片细小，枝条很多，人们把这种海树叫海柳。这是一种海藻，生长在较深的海里，多得像延绵数千米的树林。这种海柳可以提炼出一种工业用胶，并且还是一种特殊的烟斗材料。

在三亚和广州工艺品的厨窗里，人们经常被一些海柳做的烟斗所吸引。这些烟斗造形奇特，结构新颖，有的上面刻着花鸟走兽；有的雕着"松鼠葡萄"、"松柏鹤"；还有"猴子偷寿桃"……一个个形态逼真、栩栩如生。三亚工艺品商店，有一支"龙吐珠"的烟斗格外引人注目。整个烟斗上雕刻着一条气势雄伟、扬鳞舞爪、峥嵘吐珠的云龙，似乎要腾空而起，博得许多参观者的赞美。

海柳做的烟斗，不仅工艺精美，色泽秀丽，更重要的是这种烟斗不会烧焦，吸烟时会感到特别清凉爽口，还有一股淡淡的香气，因此备受人们喜爱。

海柳被台湾人称为"台湾海峡神木"，因为它藏于深海中，不易采伐。海柳属海生植物铁树科，寿命可达千年。它以吸盘紧固在海底礁林间，高达数百米，酷似陆地柳树，因此叫海柳。海柳木质坚韧耐腐，有"铁木"之称。

海柳用途广泛，浑身是宝。成片的海柳是海洋生物的保护伞。在福建东山岛海域，潜水员在海底发现一件稀奇的事，在一丛海柳伞下，栖息着一只老海龟。更令人奇怪的是，渔民发现，每当海柳林上面海水变混浊，并伴有轰轰低回声，海上准要变天，当地渔民说："海柳是自然气象观测区"。

海柳的耐腐力是惊人的。1958年在东山岛发掘出一座宋代古墓，其中有不少是海柳雕刻的手镯、酒具，滑溜锃亮，光可鉴人。再如福州鼓山涌泉寺的海底木供桌是康熙丙辰年元旦放在寺内的，历经沧桑至今，"火焚不损，水渗不腐"。

海柳还是一种药材，是杀菌、治疗单纯甲状腺的妙药。海柳也能治高血压，民间用海柳放嘴里咬碎，跟唾沫一块涂在淤血伤处，可加快伤口愈合。在水族馆的一些水箱里，放几枝海柳，能起到净化、消毒作用，延长换水周期。

防风防浪的"哨兵"——红树林

红树林是一种热带、南亚热带特有的海岸带植物群落，因主要由红树科的植物组成而得名。组成的物种包括草本、藤本红树。它生长于陆地与海洋交界带的滩涂浅滩，是陆地向海洋过渡的特殊生态系。

调查研究表明，红树林是至今世界上少数几个物种最多样化的生态系之一，生物资源量非常丰富，如广西山口红树林区就有111种大型底栖动物、104种鸟类、133种昆虫。广西红树林区还有159种藻类，其中4种为我国新记录。红树以凋落物的方式，通过食物链转换，为海洋动物提供良好的生长发育环境；同时，由于红树林区内潮沟发达，吸引深水区的动物来到红树林区内觅食栖息、生产繁殖。由于红树林生长于亚热带和温带，并拥有丰富的鸟类食物资源，所以红树林区是候鸟的越冬场和迁徙中转站，更是各种海鸟的觅食栖息，生产繁殖的场所。

红树林另一重要生态效益是它的防风消浪、促淤保滩、固岸护堤、净化海水和空气的功能。盘根错节的发达根系能有效地滞留陆地来沙，减少近岸海域的含沙量；茂密高大的枝体宛如一道道绿色长城，有效抵御风浪袭击。1958年8月23日，福建厦门曾遭受一次历史上罕见

海上红树林

的强台风袭击，12级台风由正面向厦门沿海登陆，随之产生的强大而凶猛的风暴潮，几乎吞没了整个沿海地区，人民生命财产损失惨重。但在离厦门不远的龙海县角尾乡海滩上，因生长着高大茂密的红树林，结果该地区的堤岸安然无恙，农田村舍损失甚微。1986年广西沿海发生了近百年未遇的特大风暴潮，合浦县398千米长海堤被海浪冲垮294千米，但凡是堤外分布有红树林的地方，海堤就不易冲垮，经济损失就小。许多群众从切身利益中感受到红树林是他们的"保护神"。红树林的工业、药用等经济价值也很高。

胎生现象——红树林最奇妙的特征是所谓的"胎生现象"，红树林中的很多植物的种子还没有离开母体的时候就已经在果实中开始萌发，长成棒状的胚轴。胚轴发育到一定程度后脱离母树，掉落到海滩的淤泥中，几小时后就能在淤泥中扎根生长而成为新的植株，未能及时扎根在淤泥中的胚轴则可随着海流在大海上漂流数个月，在远处的海岸扎根生长。

特殊根系——红树林最引人注目的特征是密集而发达的支柱根，很多支柱根自树干的基部长出，牢牢扎入淤泥中形成稳固的支架，使红树林可以在海浪的冲击下屹立不动。红树林的支柱根不仅支持着植物本身，也保护了海岸免受风浪的侵蚀，因此红树林又被称为"海岸卫士"。

红树林经常处于被潮水淹没的状态，空气非常缺乏，因此许多红树林植物都具有呼吸根，呼吸根外表有粗大的皮孔，内有海绵状的通气组织，满足了红树林植物对空气的需求。每到落潮的时候，各种各样的支柱根和

呼吸根露出地面，纵横交错，使人难以通行。

泌盐现象——热带海滩阳光强烈，土壤富含盐分，红树林植物多具有盐生和适应生理干旱的形态结构，植物具有可排出多余盐分的分泌腺体，叶片则为光亮的革质，利于反射阳光，减少水分蒸发。

印度洋海啸给世人敲响了警钟。此间专家提出，我们必须吸取教训，提高防灾意识，除加强沿海地区的防波堤建设外，应尽快恢复沿海的红树林。红树林是公认的"天然海岸卫士"，树木抵消波浪的作用非常大。全世界热带、亚热带海岸的70%分布有红树林。种类组成以红树科植物为主，树皮富含单宁。包括有：①红树植物——红树植物是专一在红树林中海滩中生长并经常可受到潮汐浸润的潮间带上的木本植物，包括蕨类植物卤蕨。②半红树植物——半红树植物是只有在洪潮时才受到潮水浸润而呈陆、海都可生长发育的两栖类植物。③伴生植物——生长在红树林区经常受潮汐浸润的非木本植物，如一些棕榈植物和藤本植物（三叶鱼藤）。④红树科植物——红树科植物是分类上归属于红树科的植物。如木榄、海莲、秋茄、红树、红海榄等。

海洋动物的食物——海草

海草是指生长于温带、热带近海水下的单子叶高等植物。海草有发育良好的根状茎，叶片柔软、呈带状，花生于叶丛的基部，花蕊高出花瓣，所有这些都是为了适应水生生活环境。

海草被认为是在演化过程中再次下海的植物。在世界上的分布很广，已知有12属49种，其中7属产于热带，2属见于温带；3/4的种类产于印度洋和西太平洋。中国沿海已知8属，其中海菖蒲、海龟草、喜盐草、海神草、二药藻和针叶藻等6属是暖水性的，产于广东、海南和广西3省区沿海；虾形藻属和大叶藻属是温水性的，主要产于辽宁、河北、山东等省沿海，其中的日本大叶藻的产地，延伸至福建省和台湾省沿海，甚至粤东、广西和香港沿海。陆地上的植物有树木花草，它们构成大片森林、草原或花园绿地。海洋里的植物都称为海草，有的海草很小，要用显微镜放大几

十倍、几百倍才能看见。它们由单细胞或一串细胞所构成，长着不同颜色的枝叶，靠着枝叶在水中漂浮。单细胞海草的生长和繁殖速度很快，一天能增加许多倍。虽然它们不断地被各种鱼虾吞食，但数量仍然很庞大。

海草根系发达，有利于抵御风浪对近岸底质的侵蚀，对海洋底栖生物具有保护作用。同时，通过光合作用，

海 草

它能吸收二氧化碳，释放氧气溶于水体，对溶解氧起到补充作用，改善渔业环境。海草常在沿海潮下带形成广大的海草场。海草场是高生产力区，这里的腐殖质特别多，是幼虾、稚鱼良好的生长场所，同时也有利于海鸟的栖息。它能为鱼、虾、蟹等海洋生物提供良好的栖息地和隐蔽保护场所，海草床中生活着丰富的浮游生物，个别种类海草还是濒危保护动物儒艮的食物。海草场保护生物群落的作用不可忽视。

大的海草有几十米甚至几百米长，它们柔软的身体紧贴海底，被波浪冲击得前后摇摆，但却不易被折断。海草的经济价值很高，像我国浅海中的海带、紫菜和石花菜，都是很好的食品，有的还可以提炼碘、溴、氯化钾等工业原料和医药原料。

海草是海洋动物的食物。有些海洋动物是食草的，另外一些是靠吃"食草"动物来维持生命的，所以，海洋中的动物都是靠海草来养活的。

海草像陆上的植物一样，没有阳光就不能生存。海洋绿色植物在它的生命过程中，从海水中吸收养料，在太阳光的照射下，通过光合作用，合成有机物质（糖、淀粉等），以满足海洋植物生活的需要。光合作用必须有阳光。阳光只能透入海水表层，这使得海草仅能生活在浅海中或大洋的表层，大的海草只能生活在海边及水深几十米以内的海底。

水中的远古遗民

　　几百年来，生物学家为了寻找生命在海洋中，由单细胞到多细胞，从无脊椎到有脊椎动物，从低级向高级进化的证据，千方百计寻找化石，寻找动物中"远古的遗民"，尤其是寻找进化历史过程中的过渡型的动物。下面列举一些海洋中"远古遗民"，作为探视生命进化中的一个窗口。

看不见头的鱼——文昌鱼

　　鱼是脊椎动物，它是从无脊椎动物进化而来的。如何证明这一点呢？生物学家找到了一种活化石，这就是文昌鱼。这是一种珍贵的海洋动物，它的形态结构特殊，既有无脊椎动物的特征，又有脊椎动物的特征，是无脊椎动物进化到有脊动物的过渡类型的典型代表，长期以来被研究生物的专家称为活化石。

　　有人说，文昌鱼是无头的。真的如此吗？事实并非如此，说它没有头是因为它的头部形态和躯干没有明显的区别，它的神经管前端膨大的脑泡要比支持身体的脊索短，这样从外表看去似乎看不见头，因此误认为是无头鱼。文昌鱼虽然名称上冠以鱼字，其实它不是鱼类。为什么呢？这是因为它的外形似小虫，只有几厘米长，两端尖细，没有明显的头，无鳞，无脊椎，连眼、耳、鼻器官都没有；它的心脏只有 1 条能跳动的腹血管，血是无色的，全身半透明；它的脑也不完全，仅有 2 对脑神经；它没有分化的消化器官，除了区分出口和咽喉，只有一条直肠通肛门。

文昌鱼尽管称不上鱼，但它却是鱼类的老祖宗。文昌鱼是头索动物，它虽然不如脊椎鱼类，但它具有其他高等脊椎动物在胚胎发育过程中都出现的鳃裂、脊索，背上也有了1条空心的神经管。因此，文昌鱼比无脊椎动物要高一等，而比鱼类又

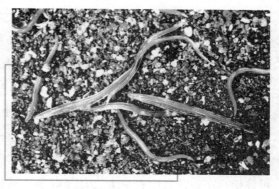

文昌鱼

原始得多。在当今地球上，从无脊椎动物进化到脊椎动物的过渡种类脊索动物极少的情况下，文昌鱼便成了这种过渡类型的代表，因此成了研究生物进化的活化石，显得更为珍贵。

文昌鱼在中国的产区是福建同安一带。那里的老百姓叫它"米鱼"。传说是当年郑成功屯兵海上，有次水师停泊在石井、安海之间，将士们没有粮食做饭，郑成功就将一堆米饭倾倒在海中。霎时，海面上浮现着许多小鱼，士兵们捞起做菜煮吃，成了粮食，雪白如大米饭，因此叫"米鱼"。这给文昌鱼披上了神秘色彩。

其实在历史上，对文昌鱼的命名，也有着一段趣闻传说。1774年，德国科学家佩拉斯首先发现了文昌鱼，但他却误认为其是蛞蝓一类的软体动物。蛞蝓形似无壳的蜗牛，专吃蔬菜和瓜果叶子。1834年，意大利的科斯特又把文昌鱼错划为脊椎动物的圆口类。1836年，英国的耶尼尔索性按文昌鱼的形状，称它为"两头类"动物。后来经过鱼类专家们长期的考证研究，文昌鱼终于被定为脊索动物门、头索动物亚门、头索纲、文昌鱼科、无头亚科，这才正式命名为"文昌鱼"。

文昌鱼像条小虫，它有一种特殊本领，那就是灵巧的钻沙能力。它是半底栖生物，一般能活4年。它生活的海区是粗糙的沙滩，要有比较稳定的环境，而且要有少量淡水注入。文昌鱼浮游期过后，它便钻居沙中。幼鱼喜欢细沙，而成鱼则喜欢钻居由碎贝壳形成的粗沙中。平时它们总是把身体后端伸入沙中，仅露出前端触须部分呼吸和寻食。文昌鱼的前端触须非

常敏感，一当受惊，立即就会藏到沙中去。文昌鱼只有一只眼，非常怕强光，一般白天都躲在沙里，只有夜晚才出来觅食。文昌鱼因为没有鳍，在水中无法平衡和随意转弯，因此只能靠肌肉的收缩来摆动身体和尾巴，像小泥鳅一样向前"弹游"。

由于文昌鱼有以上特征，因此要捕捞它也要与其他鱼的方法有所区别，既不撒网，也不施钓，而是使用一条小船，一把特别的铁锄和水筒，以及木板、竹筐等工具。文昌鱼没有渔期，但受风浪和潮汐的影响。它全年都可捕捞，在福建农历七～十二月是旺季。捕捞时，每船两人作业，选点抛锚后，一人负责用铁锄把把含鱼的沙子捞上来，倒在木板上。另一个人舀水来淘洗，将文昌鱼滤出来。因此这种捕捞作业相当劳累原始，一条船一天仅能捕捞鲜鱼几千克，旺季时也不会超过 10 千克，而且这种方法沿袭到今天。

文昌鱼因为是过渡类型动物，成了生物研究的重要标本。我国厦门大学生物系，成了向世界提供文昌鱼标本的基地。

文昌鱼不但在教育科研上有重要价值，而且也是一种有营养的珍肴。它的蛋白质含量高达 70%，还含有多种无机盐和碘，用来炒蛋、熬汤，味道更为鲜美。

海中活化石——鲎

远在泥盆纪，鲎就已经出现在这个世界上，经历了 4 亿年的时间，它没有像其他生物那样向着更高更复杂的阶段进化，而是仍旧保持着原始生物的老样子，因而被科学家称为"活化石"。

鲎的身体披有甲壳，甲壳厚而坚固，沿海的居民常用它来舀水。鲎的身体分 3 个部分，头胸甲、腹甲、剑尾。剑尾长满了刺，形似一把三角刮刀，能自由挥动，既可以防身又可以进攻。鲎除了头部两侧各有 1 只复眼，在头部正中还有 1 对单眼。既然是单眼为什么还要冠以"对"呢？这是因为这对眼睛，完全连在一起，只是在正中以一条细细的黑线相隔，这双合二为一的眼睛是鲎的行动指南，它像一具最灵敏的电磁波接受器一样，能接收深海中最微弱的光线，鲎就靠它，在海底行动自如，从不迷失方向。

鲎的嘴位于头胸甲的中间，嘴的周围有 6 对长爪，其中有对是用来帮助摄食的。雌鲎的前面 4 对爪是 4 把大钳子，用它们可以捕到食物，而雄鲎的前 4 对爪是 4 把钩子，专门用来钩着雌鲎，雌鲎在身体的相应部位留有余地，准备雄鲎搭钩。雄鲎是个"懒汉"，从来都是让雌鲎背着走。在浅滩上，只要留意观察，就会发现，一对对鲎在沙地上筑巢做窝，肥大的母鲎，背上驮着瘦小的丈夫，慢慢地爬行，这时候，只要一提便是一对。

鲎一般把家安在潮间带浅滩上，它们做好窝就开始繁殖，雌鲎可以从它的 2 个生殖孔同时排卵，卵如同绿豆大小，一次可排出数以万计，这时，雄鲎也开始排出精液，卵便在体外受精。受精卵在阳光的照射下开始发育，40～50 天后，小鲎便孵化出来，它们像其他节肢动物那样，随着身体的发育一次次脱皮，最终长到体重达

鲎

几千克重的成鲎。雌鲎是一位不称职的母亲，它产下卵后，只是在上面覆盖一层薄沙，便一走了之，然而大量的产卵却使它的后代得以延续。

鲎的血液是蓝色的，没有红血球、白细胞和血小板。只由单一的细胞组成，血液中含有 0.28% 的铜元素，因而呈现蓝色。由于在鲎的血液中没有白细胞，当细菌进攻时，它没有能力抵抗，血液中的单一细胞遇到细菌，马上被击破、瓦解，很快地萎缩，蓝色血液迅即凝固，这时的鲎也就死亡了。

鲎血细胞对细菌感染极为敏感的特点，给人们以启示。经过试验，科学家们从鲎血中提出了纯净的试剂，利用这种试剂，可以快速而准确地检测出人体内部组织是否因细菌感染而患病；在药品或食品工业中可利用它

来作毒素污染的监测，看药物有无热原反应，食物是否变质。使用这种试剂要比其他试剂方便、省时、安全、准确。

不仅如此，科学家们对鲨眼的研究，在神经生理学方面取得了重大突破，发现了鲨眼侧抑制作用，为此美国纽约洛克菲勒大学生理学教授哈特莱获得了1967年度诺贝尔医学生理学奖。

目前，模仿鲨眼侧抑制作用，人们已经研制成功多种电子模型和电子仪器。有一种电子模型是一台专用模拟机，它可以对X光照片、航空照片的较为模糊的图像进行处理，使其变得边缘突出、轮廓清晰。国内也有人采用通常的电视扫描系统和时延电路，研制出用于微光电视摄像系统的侧抑制电子模型，可以明显地提高电视图像的清晰度。用同样的方法也可以提高雷达的显示灵敏度。类似的电子系统还可以使红外探测器或其他仪器所得图像更加清晰。

总之，鲨这种古老而奇特的动物，对人类的现代生活具有重要的作用，对它的研究将给人们更多的启示。

古代鲨鱼的孑遗——绉鳃鲨

1884年，在日本海首次捕到一条绉鳃鲨，当时在生物研究的科学界引起很大轰动，以后又在太平洋的其他海域，陆续有所发现。

为什么绉鳃鲨会引起生物科学界的惊动呢？原来这种鲨鱼的同类兄弟早已成为化石，掩埋在上新世的石层中了。而它却经住了岁月沧海的变迁考验，在海洋中生存到今天，成了远古遗民的活化石。

绉鳃鲨的身体细长，长度可达1.5米，头部两侧各有6～7个鳃

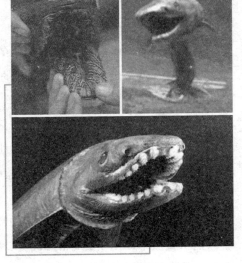

绉鳃鲨

裂，而我们平时见到的鲨鱼除六鳃鲨外，一般只有5个鳃裂。它的尾巴也不像一般鲨鱼那样向上弯曲，而是像柳叶似的上下略微对称。绉鳃鲨主要分布在日本海、澳大利亚沿岸和大西洋的马德拉岛附近。它生活在深海里，一般水深在450~760米之间，但也有从1200米深处捕到的。

海底天文学家——鹦鹉螺

鹦鹉螺为什么被列为"远古遗民"呢？因为古老的头足类动物，都像鹦鹉螺一样，身上背着一个沉重的硬壳，在海底过着水栖生活。但是，这类古老的动物，绝大多数已灭绝，只有鹦鹉螺幸运地保存下来了。因此，生物学家把它称为"远古遗民"、"海底的活化石"。

鹦鹉螺和乌贼、章鱼都属于头足类，但是身体的构造不同。乌贼、章鱼属自由游泳的动物，因为背着沉重的硬壳会妨碍游泳活动，所以它们的外壳早已退化了，变成包在体内的轻飘飘的小片，而鹦鹉螺却仍背着一个美丽闪光的硬壳。

鹦鹉螺产在台湾海峡、南海和马来群岛，它生活在300米左右的海底，是一种非常珍贵的软体动物。

鹦鹉螺的壳很美丽，在灰白色的衬底上，缀着橙红、浅褐的花纹。壳内分隔成许多小室，最末的一个房间是它居住的地方，称为"住室"，其余的小室可贮存空气，叫做"气室"。鹦鹉螺在慢慢地成长着，小室的数目不断地增加。每个新的小室筑成后，鹦鹉螺就抽出海水，注入空气。它通过调节室内的水分使身体沉浮在海里。

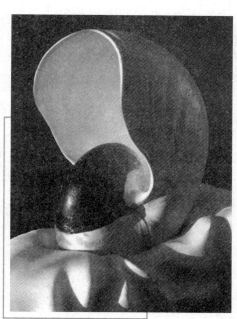

鹦鹉螺

　　别看鹦鹉螺生活在海底，但它却与天文学有着密切的关系。科学家对鹦鹉螺研究发现，每个小室的壁上，有一条条的生长线，是一些清晰的环纹。每个壁上都有 30 条生长线。但是当人们研究埋藏在地下的鹦鹉螺化石时，又发现一个很奇怪的秘密，同一地质年代里的鹦鹉螺上的生长线数目是一样的，随着地质年代推向远古，鹦鹉螺上的生长线越来越少。例如距今 6950 万年前的鹦鹉螺化石，则只有 22 条生长线。32600 万年前的鹦鹉螺化石上的生长线，只有 15 条。以每天长一条生长线来计算，6900 万年前，月亮绕地球一周只需 15 天。现在生活在海中的鹦鹉螺每月制造 30 条生长线，恰好记录着月亮绕地球一周的日数。这难道是偶然巧合吗？不是的，科学家对各个时期鹦鹉螺化石的推算，显示其都是记录着月亮在亿万年漫长的岁月里的变化，说明月亮原来离地球是近的，后来越转越远了，开始绕地球一周只需 15 天，后延长到 20 天，现在需 30 天，将来还会远下去的。鹦鹉螺默默地忠实地记录着这天体的变化。因此，生物学家把它称为"海底天文学家"。

原始的腔肠类动物

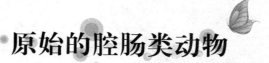

腔肠动物是比较原始的动物，种类很多，有上万种，如有孔虫、放射虫、鞭毛虫、珊瑚虫、海葵、水母等。顾名思义，腔肠动物有一个用来消化食物的腔子，分不出哪是头哪是尾。它们以浮游植物为食，自己往往又成了能游泳动物的食物，是海洋中一个庞大家族，我们介绍几种典型的品种。

水下建筑师——珊瑚虫

珊瑚是海洋动物中的低等动物，长期以来被人们划为植物。人们对它的认识有一个相当长的历史过程。直到1774年有位法国科学家在北非沿海考察时发现，珊瑚像花一样的植物，原来是一种贪食的动物。但是由于人们的守旧和偏见，死活不信"动物说"，结果这位科学家的观点始终得不到承认，还不能摘掉"虫植物"的帽子。

直到19世纪40年代，人们依靠科学仪器才真正揭开珊瑚是动物的面貌。详细研究了珊瑚的胎胚发生，才发现珊瑚的骨骼是由珊瑚体的软体部分分泌而成的，这就是动物特性，这才摘掉植物的"帽子"，还其动物本来的面貌。

珊瑚动物现查明有6100余种，而能生成完整骨骼的只占少数。多数种类根本形不成骨骼系统，有的体内只有骨针骨片。而在全球海洋中参与建

珊瑚虫

筑造礁的珊瑚只有 700 余种，其中印度洋、太平洋的珊瑚绝大多数是造礁珊瑚，而大西洋、加勒比海、古巴海域能造珊瑚礁的只有 40 余种。

根据动物系分类，珊瑚分成 2 大类：八放珊瑚亚纲和六放珊瑚亚纲。八放珊瑚，大多为掌状枝或扇状枝，也有的为块状，固着生活于热带和温带不同深度的海底，大多为非造礁珊瑚。骨骼分布在中胶层中，由骨针构成，它们多数不互相连接为骨骼系统。它们因为虫体内腔肠有 8 个隔膜，肠腔的外端口周围有 8 个羽状分枝的触手，根据这一特征，因此叫八放珊瑚。

六放珊瑚中的绝大多数为群体生活，由数以万计的珊瑚虫组成，你挨着我，我依附着你，肉连肉，骨连骨，构成一个浑然一体与和睦相处的大家庭。每一个有柔软身躯的珊瑚虫都有一个石灰质的小洞穴，即珊瑚虫的小住宅。它们的体外都有外骨骼支撑着各自身体。每个小珊瑚虫的骨骼又有共骨把它们联系起来，构成各式各样千姿百态的珊瑚骨架。这些珊瑚虫被人们称为"水下建筑师"，是造礁的最出色工程师。六放珊瑚虫口周围的触手数目为 6 的倍数，肠腔内的隔膜、骨隔片的总数也是 6 的倍数，因此被称为六放珊瑚。新生的珊瑚虫就在死去的珊瑚骨骼上生长，日积月累就形成了千姿百态，有的生成树枝，枝条纤美柔韧；有的像一个个蘑菇的石珊瑚；有的像人的大脑一样的石脑珊瑚；有的像鹿角的鹿角珊瑚；有的似喇叭状的筒状珊瑚……颜色也五彩缤纷，有橙色、粉红、蓝、紫、白等色，五颜六色使海底成了美丽的花园。

珊瑚的触手很小，都长在口旁边，"肚子"里被分隔成若干小房间（消化腔），海水流过，把食物带进消化腔被吸收。珊瑚虫有从海洋里吸取钙质制造骨骼的本领。活的珊瑚死去了，新的又不断成长，日积月累，它们的石灰骨骼形成珊瑚礁、珊瑚岛。我国西沙、南沙群岛就是珊瑚建筑师的千万年的丰功业绩。因此，无论岸礁、堡礁、环礁都是珊瑚"生团死聚"的结果。

会走动的花朵——海葵

有位潜水员，第一次到南海西沙去作业，当他潜入清澈的海底，一下子被眼前礁石上一丛丛鲜花惊呆了。那五颜六色的"花朵"上，那一条条的花瓣，像舒展的菊花。天啊！大海底下哪来的这么多菊花啊！他忍不住地伸出手去触摸它们时，突然离他最近的一丛丛花，吱地一声吹出一股清水，那花瓣立即收藏起来，接着远处的花朵，好像接到了信息通报似的，那艳丽的花朵都藏了起来，有的花朵还在礁上移来移去，成了会走路的花朵。

突然，一朵海菊花缓缓地移动起来，这位潜水员采用迅雷不及掩耳的动作，伸手一下子捉住了。拿到眼前一看，原来这朵会走路的花长在一个螺壳上，螺壳里住着一个房客——寄居蟹。这位潜水员出水之后，就好奇地请教船上一位海洋生物学家。专家就给潜水员讲起这些会移动的花朵——海葵的知识来了。

海　葵

寄居蟹和海葵是一对好朋友，海葵能放出花瓣——触手，捕捉小动物，既保护了寄居蟹，又把食物供给它。寄居蟹可以携带海葵旅行海底。这样，两个朋友取长补短，互助互利就不愿分离了。甚至寄居蟹迁居时，也要把

它的朋友搬到另一个螺壳上去。

海葵身体柔软，里面没有骨骼，大都是"独身主义"，单个生活，不成群体。

海葵身体上端是个口盘，当中是扁平的口，周围生有一圈圈触手。各种海葵触手数目不等，里圈的触手先生出来，成 6 的倍数一圈圈向外顺序生出。绿海葵和橙海葵只有三四圈细小的触手。这些触手是捕食的武器，那上面长着无数刺细胞，能分泌毒刺丝。一些小鱼小虾被它柔软艳丽的触手所吸引，前来观赏，一旦碰上"花瓣"，触手上的毒细胞就会把小鱼小虾刺麻木，然后触手将其卷进口里吃掉。海葵还能利用它长长的触手"捞"海里的各种食物碎渣。

海葵的口经过扁平的口道与腔肠相连，它的口道两端有 2 个口道沟与外界相通。海葵吞下小鱼后，闭上口，将食物送入肠腔，肠腔里有许多对的隔膜，负责消化吸收和繁殖。它的隔膜内边缘叫做隔膜丝，是有刺细胞，能杀死进入肠腔的小鱼小虾，能分泌一种酶，消化食物。

一般的鱼怕海葵那无数的触手，只有一种小丑鱼不怕，小丑鱼把其他鱼引诱到海葵触手间，海葵得到食物，小丑鱼也分享一份美餐。有一种寄生虾也不怕海葵触手，因此它常跟海葵作伴，替海葵梳理触手，让它保持清洁，当然这种劳动也不是无报酬的，能换来"一日三餐"。

海葵常住在珊瑚丛和海底的泥沙上。它那圆筒形的身体下面有个底盘，可以将身体吸附到礁丛或泥沙上。在一个地方待得不耐烦了，也可以用底盘蠕动身体，慢悠悠地在附近"散散步"。如果要远行，那可就要请寄居蟹帮忙了，依吸在它的螺壳上，让其带着海葵旅行。海葵小的只有 1 毫米，大的有 1 米多。一般来讲，热带海洋里的海葵色彩漂亮，个体也大；寒冷海洋里的海葵色彩单调，个头也小。

海上风暴的先知者——水母

只要你夏秋季节到普陀山或去青岛海上旅游，乘船在碧波中航行，你一定会看到晶莹透明、身披轻纱，好像降落伞那样的浮游动物，那就是水母，有的人称其海蜇。

水母属腔肠动物。上面有伞状部分，下面有 8 条口腕，口腕下端有丝状器官。8 月中旬，精子随水流进雌体，使卵子受精，后来受精卵变成螅状幼体，螅状幼体发育成螅状体越冬。第二年 5～6 月份水温上升，螅状体横裂成横裂体，再经过一段复杂的变化为碟状体，这时才有自由运动的能力。经过半个月，碟状体成长为铜镜大的幼水母，它生长期仅需 2 个月就长大了。

水母虽然没有眼睛和耳朵，但水母虾和玉鲳鱼都自愿当它的"耳目"。每当敌害接近时，生活在水母口腔周围的小鱼小虾，立即有所觉察，迅速躲进水母"家"里去，水母感觉到这些小动物的行动，立即收缩伞部，沉下海去。水母庇护了小鱼小虾，小鱼小虾也甘愿为水母"站岗放哨"，这就是动物学上说的"共生现象"。

水　母

水母身体柔软，游得很慢，但你别担心它捕捉不到食物会饿死，它有自己的一套特殊生存本领。每当鱼虾接近水母时，它会从刺丝中放出毒素，麻痹鱼虾，使它们失去知觉而被捕获。夏天，当你在浅海或沙滩上发现水母时，你千万不要用手去抓，被它蜇伤会中毒发烧，如果碰到一种海黄蜂水母，毒性更大，要命的巨毒，可以蜇死人的。一般的水母，你只要用石头把它打碎，它的毒素会放射掉，被蜇的危险性就小了。

我国是世界上最早开发利用水母资源的国家。水母自晋代开始就被人们食用。唐朝的《本草拾遗》里描写道："大者如床，小者如斗，无眼目

腹胃，以虾为目，虾动蛇沉。"并且说它是一种美味食品，要"炸出以姜醋进之，海人以为常味。"明代李时珍对水母的加工方法也作了记录。舟山朱家尖岛的渔民加工水母，他们先把捞上来的水母，用竹刀把伞体和口腕分开，放在沸腾的海水锅内烫，捞出来凉干后就进桶内用明矾腌制。伞体成了海蜇皮，口腕成了海蜇头。海蜇皮每百克含蛋白质 12.3 克，无机盐 18.7 克，并含有多种维生素，营养非常丰富。据说外国食用水母，直到 19 世纪末才开始。建国后我国水产专家们对水母加强了研究，经过人工培育，终于揭开了水母生活史之谜，现在可以人工放养，填补了世界海洋生物学中的空白。

水母还有一种特殊本领，能预报海上风暴的到来。科学家发现，水母能把远方空气与波浪摩擦而产生的次声波转为电脉冲引起感觉。每当它接到信号后，就及早潜入海底深处，免得被浪潮冲上岸去。沿海渔民凭着这一点，就知道风暴要来临了，赶快返航归港。因此渔民有一种说法："海上风暴水母先知。"

无脊椎的软体动物

海洋中的无脊椎软体动物，是海洋中第二大种群，有10万来种，分成2类：①带壳的软体动物，它们带着"房子"一起运动，不会游泳，生活在海底的泥沙中或石岩上，如贝类；②丢掉了笨重的硬壳，保护身体的骨头长到柔软的身体内部去了，它们善于在海洋里游泳，如乌贼、鱿鱼、章鱼等。不管是哪一类，它们都是软体动物，都有一个共同的特点，不分节，由头、足、内脏囊、外套膜和壳5个部分组成。

最原始的贝类——石鳖

石鳖是贝类中的元老，是贝类中最原始的类型。要阐明贝类在地球上的进化和起源，就离不开它，所以它在贝类系统进化和科学研究上占有极其重要的地位。

石鳖的贝壳是由8片石灰质壳片形成的，它们成覆瓦状盖在石鳖的背部，在这些贝壳周围还生有许多小鳞片、小毛刺等，它的模样很像陆地上的土鳖。石鳖背上以8片壳片来保护身体，腹

石鳖

部有肥硕的足，一旦附着在岩礁上，狂涛巨浪也休想冲离它。在退潮时，人们常常在海边岩礁上可以见到它们。它用腹面带齿舌的嘴刮取石面上的小海藻为食。

石鳖有两大怪：①眼睛长在背部的壳片上，而且很多。但它的眼睛很小，不是用来看东西的，而是用来感知海水振荡或扰动的，所以眼睛虽然不能看东西，但仍能在海洋中生存。②繁殖方法。石鳖儿女满天下，但是"夫妻"却从来不相见。它们的传宗接代是这样进行的：性成熟的雌雄石鳖各自将卵、精排到海里，任其在海中随波逐流漂荡，精跟卵偶然相遇了就结合成受精卵，进一步发育成一种带毛的螺幼虫，幼体周围一圈毛就是它运动的桨，使其可以在海中游动。幼体再继续发育就生出壳片，成了小石鳖，后来漂泊中遇见岩石和海藻，就开始附着生活。

朝雌暮雄的动物——牡蛎

牡蛎又叫蚝、海蛎子，是一种最常见的海洋贝类动物。青岛人称其"海红"，大连人叫"海鸡蛋"，舟山人叫"淡菜"。牡蛎含有蛋白质45%～57%，脂肪7%～11%，肝糖19%～38%，此外还含有丰富的维生素和其他营养物质。它状似珍珠贝，肥大得像个小粽子，掰开一看，里面的肉是银白色的，又嫩又娇，古人称它为"东海夫人"。

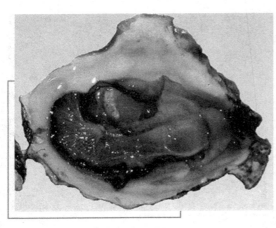

牡蛎

牡蛎从小就生长在岩缝石头上，有一种植物根须一样的吸盘，牢牢地吸在岩石上，从来不动，就像海里的植物。它虽然生活在盐度极浓的海水里，但它的肉是清淡的、洁白的，营养价值很高，是一种高蛋白。经常吃能舒筋活血，防治高血压，健肠胃，因此名字中加个淡字也不能说是没有道理的。

牡蛎以下壳固着岩石或其他物体上生长，一旦固着后，永远不移动，足部逐渐退化。牡蛎喜欢群聚生活，自然栖息的牡蛎都是各个年龄的个体群聚而生。每年新生的个体以其前辈的贝壳为固着基地，老的死去，新的又固着上去，以致形成"牡蛎桥"、"牡蛎山"。

这些固着生活的牡蛎，它们是如何传宗接代的呢？牡蛎长到1年就性成熟，开始了繁殖。不同种类生殖季节也不同，如褶牡蛎繁殖期在6～10月，大连湾牡蛎约在5～9月，浙江一带则在6～8月。一般说来，牡蛎的繁殖期大都在该海区水温较高，海水比重较低的月份。性成熟的个体排放精子、卵子在海水中受精发育。幼体大约经过半个月的漂浮生活后，在条件适宜的地方附着，先由足丝腺分泌出足丝，再从体内分泌出胶黏物质，把自己的下壳牢牢地固着在岩礁上，开始了终生不动的固着生活。

牡蛎最大的特点是雌雄性别不定，有的产卵后变为雄性，有的排精后雄性状衰退又变成雌性。据海洋生物学家长期观察研究发现，牡蛎1年中有2次性变，真可谓"朝雌暮雄"。

我国养殖牡蛎历史悠久，从宋代开始就有"插竹养蚝"的记载。近年来，全世界许多国家养殖牡蛎技术发展很快。许多国家从日本引进一种名为"真牡蛎"的优秀良种，它具有壳薄、生长快、出肉率高的特点。这种"真牡蛎"只要养殖8个月就可上市，每平方千米产牡蛎肉可达135～170吨。

最近一些年，俄罗斯和美国研究出更先进的养殖工具。过去用绳编织"养贝长笼"，后来又用浮筒竹排木排来固定"养贝长笼"，往往都被风浪卷走，后来用水泥块来当死"锚"固定海底，也被风暴和冬季结冰损坏。近些年则改用"蜂巢式"养贝装置结构，可以抵御海浪的直接冲击。

人们考察了海边的水下管道，里面有大量的牢牢固着的牡蛎，但每条管道总是不会堵死，它们一般附着在端部，中间总是透光。专家们就利用牡蛎的这些特点，大胆研究出"蜂巢贝笼"。为便于牡蛎繁殖，经过试验，将原来的圆形贝笼改为六边形，与蜂房相似。这样的改动使其有效容积增加了50%以上。

蜂巢式养贝装置四周是管状框架，由玻璃纤维强化塑料制成，里面充填

高性能泡沫塑料，并加以密封，框内则是排列整齐的可供充足饵料和氧气的蜂房贝笼，外观完全像个大蜂巢。它的上部联结浮筒，多片串联一起，颇为壮观。这种养殖方法，不但经济耐用，而且养出来的牡蛎不再有泥沙，质量好。

生产高级装饰品的动物——珍珠贝

在世界珠宝行业中，通常把钻石、祖母绿、红宝石、蓝宝石、翡翠称为皇帝，而把珍珠称为皇后。珍珠是最古老的有机宝石，有特殊光泽、色泽，是高级装饰品。而生产珍珠的工厂，就是生活在海洋中的珍珠贝。目前市场上珍珠的饰品有戒指、耳钉、耳坠、领带别针、胸针、手链以及多种花色的项链等。中国的南珠生产已成为重要产业。

世界上流传着"西珠不如东珠、东珠不及南珠"的说法。也就是说，中国的珍珠要比欧洲、日本的珍珠都要优秀。据说英国女王王冠上那颗世界第一大的珍珠，就是产于中国的南珠。许多国家的高位贵族，他们都以拥有珍珠多少来显视自己的名望。俄皇王冠、伊康王冠、罗马王冠、英女王王冠，都嵌满各色珍珠。

珍珠是怎么形成的呢？原来它是异物（沙粒）进入珍珠贝的外套膜和贝壳间，珍珠贝受到刺激，外套膜分泌珍珠质把异物包围起来，日久天长便形成了珍珠。人工养殖的珍珠，是采用人工植核的办法培养珍珠。事先将制作好的珠核，插入珍珠贝的贝壳和外套膜之间，使珍珠贝分泌珍珠质把珠核包围起来而造成珍珠。珍珠贝既可养在淡河湖塘里，也可养在海洋之中。广西合浦沿海，自古以来就是因出产珍珠而驰名，"合浦珠还"这一典故就出自合浦。《后汉书·孟尝传》里说："合浦郡不产谷实，而海出珠宝。与交趾比境，通常商贩，贸余粮食。光时宰守并多贪秽，诡人采求，不知纪极，珠逐渐徒于交趾郡界，于是行旅不至，人物无资，贫者饿于道。孟尝到官，革易前敝，求民病利。曾未逾岁，去珠复还。"这段记载的意思，是孟尝以前的贪官污吏们贪得无厌，破坏了珍珠的自然资源。孟尝到任后，采取了措施，使资源得到恢复，并不是珍珠真正有灵，可以自己选择较好的境遇。这事说明汉代在合浦采珠，已有相当兴盛的事业了，至今有 1700 余年的历史。据说当时年产珍珠达 28000 两。

为什么合浦能出产这么多珍珠呢？这是因为珍珠贝喜欢在开敞的内湾，海水清澈，水流不急，自潮间带至 10 余米深的混有砾石的泥沙质上生活。水温要求在15～25℃。广西合浦沿海具备这些条件，所以非常适合珍珠贝的生长繁殖，由于这一带珍珠贝的数量多，因此出产的珍珠就多。

珍珠贝

珍珠除可做珠宝首饰之外，还是贵重的药材，它有清凉解毒，镇静安神，小儿惊风退热，清肝明目，祛痰等功效。

那么在南海，人们见过的最大珍珠有多大呢？这里有个真实故事。海南洋浦港附近，有个名叫陈必青的老人，他亲眼见过一颗最大珍珠。那是 1947 年夏天，他的小舅子送来几块特大贝肉，其中一块有 1 千克来重。当他切开这块贝肉时，一颗大珍珠滚落在地。这颗珠实在可爱，陈必青想把它藏到酒瓶里，谁知那珍珠竟高高地架在瓶口上，闪闪发光。陈必青认为贝壳是小舅子从海里抓的，这颗珍珠应归小舅子所有，因此第二天送还小舅子。后来小舅子生活贫穷，就以 200 块白银相抵将珍珠卖给富户陈小长。建国前夕，陈小长带着儿子，抛下儿媳逃到台湾去了。而陈必青的小舅子竟用卖珍珠的 200 块白银，将富户留下的儿媳妇娶到家中，结为百年之好，如今儿孙满堂。当地的渔工都说：这是珍珠换美妻！

黑珍珠稀有而珍贵，被世界各地妇女视为最时髦的装饰珠宝。它具有孔雀羽毛一样的艳丽光泽，令许多女士为之倾倒。现在全世界产黑珍珠的地方很多，但只有马鲁特岛的黑珍珠最为珍贵，驰名世界，因此该岛被誉为"黑珍珠的天堂"。

1975 年法国飞行员布鲁伊埃到塔希提岛旅游，在那里认识了一位女友，

他们在游山玩水时无意中听到别人的交谈，说在波利尼西亚群岛的珊瑚海域里捞上来的牡蛎中常发现天然的珍珠。这个信息使布鲁伊埃发生了兴趣。他认识一位法国医生，20 年前曾请一位日本人在珊瑚岛的海水里养过黑珍珠。于是他下决心买下了这座无人居住的荒岛，开始筹划养黑珍珠。

布鲁伊埃根本没有养过珍珠，但是他有强烈的事业追求，有浓厚的兴趣，一心一意要把养殖黑珍珠搞成功。他明白养殖珍珠跟开飞机一样，需要专业技术，瞎捣鼓、乱折腾是不会成功的，科学才能使事业到达成功的彼岸。女朋友因不理解而与他分手。布鲁伊埃没有动摇信心，仍然坚持搞下去。他专门到养殖珍珠的故乡——日本，请了 3 位养珍珠的技术高手，开始了养殖黑珍珠的生涯。

马鲁特岛环礁海区，盛产一种具有良好的珍珠层的牡蛎（又称珍珠母贝）。布鲁伊埃雇用 4 名波利尼西亚潜水员，在 15～20 米深的水中珊瑚礁上捞取珍珠母贝，然后由日本技术人员将一种能刺激珍珠母贝分泌珍珠质并形成珍珠的寄生虫作为插核植于珍珠母贝里。他们经过多次试验发现，都只能生长白珍珠，而不能生成黑珍珠。布鲁伊埃不灰心，他又回法国老家请教那位医生，用什么母贝才能养殖出黑珍珠？医生告诉他一个秘密，只有生长在密西西比河河底的一种小球形生物才是养殖黑珍珠的理想寄生物。

这一下布鲁伊埃可高兴了，黑珍珠的最大秘密被他找到了。他赶紧回到小岛上，开始了移植工作。但移植寄生物到珍珠母贝壳里是一项技术性很强的关键性工作，寄生物在珍珠母贝里能否形成珍珠及珍珠的形状如何均取决于寄生物移植技术。弄不好不但形不成珍珠，而且母贝会得病而死，或使母贝因感染病菌而生病。

植过寄生生物核的珍珠母贝，要放到环礁周围 15 米深的海水里养几个星期，珍珠母贝被养在一个金属网中，以免受到蟹、鳞虾、章鱼的侵害。章鱼最喜欢袭击珍珠母贝，它能用腕足撬开贝壳，把里面的肉吸出来。经人工植核的母贝，要在珊瑚礁上养育 2 年，才能育成珍珠。珍珠的质量和颜色与珍珠母贝的组织、海区的水质、海水的温度都有关系。开始几年，布鲁伊埃没有取得理想的结果，不是珠小了，就是色泽不行，半白半黑。但是他不灰心，仍是一个劲儿地干下去。

功夫不负有心人，布鲁伊埃在这个小岛上没日没夜地度过了 10 年，一点一滴地积累经验，有许多失败的苦恼，也有许多成功的喜悦，最后他终于成功了。他苦心经营的这个小荒岛成了闻名遐迩的黑珍珠养殖中心。

在这个小岛上，每移植 100 只珍珠母贝，就能采获到 20 颗黑珍珠，每年可收获 100 千克黑珍珠。10 年来，布鲁伊埃已经培养了几十万颗黑珍珠。他面对丰硕的成果，自豪地说："每年我有 2 万颗黑珍珠运往美国纽约的珍珠市场去出售。"

波利尼西亚的很多珊瑚礁适合人工养殖黑珍珠，但迄今为止，成功养殖黑珍珠的只有马鲁特岛。布鲁伊埃由一个门外汉变成了养殖黑珍珠的专家，他写的《黑珍珠岛》一书，详细讲述了马鲁特岛变成"黑珍珠的天堂"的历史。

最美丽的软体动物——虎斑贝

只要你到过西沙、南沙，总想千方百计得到一只最漂亮的贝壳，那说的就是虎斑贝了。它是古代的货币，人们都叫它宝贝。

李时珍在《本草纲目》里说："贝"字象形，其中二点像其齿刻，其下两点，像其垂尾。"《草本原始》记载说："贝子生东海池泽，大如拇指，顶色微白亦有深紫色者，上古珍之以为宝货，故贿、赂、贡、赋、赏、赠，凡属货者，字从贝意有在矣！"除这六字外，还有许多字与贝字有关，这说明"贝"

虎斑贝

在我国古代生活中所起的作用，它深入凡是需要用货币流通的每个领域。

美丽的宝贝种类很多，个体较小的叫蛇首眼球贝，也有人叫它"纽扣

贝"。最大的宝贝是虎斑贝，白色底子上缀着黑色或紫色的斑纹，外面有一层油光闪亮的珐琅质，令人悦目。这层珐琅质是怎么形成的呢？它是由宝贝的外套膜分泌而成。其他宝贝还有山猫眼宝贝、玉色宝贝、卵黄宝贝、阿文绶宝贝、货贝、环纹货贝等。最美丽、最大的虎斑贝约长 10 厘米。

宝贝不是所有海里都有的，它分布在热带和亚热带的海域，而且必须在潮间带水深数 10 米的海底。在我国主要分布在西沙、南沙群岛。

贝过着昼伏夜出的爬行生活。在爬行时，头部和足部从贝壳口伸出来。白天它躲藏在珊瑚礁的洞穴里或者在岩礁块下面，通常在黎明前、黄昏后出来觅食。因此，一般捕捉它，夜间收获较大。

海洋中最大的贝壳——砗磲

有位潜水员讲过一段惊险的奇遇。那天他们在西沙潜水训练，当他潜到 40 米水深的礁石上时，突然一只脚被什么东西夹住了，他蹲下来一看，天啊！原来是一只大砗磲，潜水鞋被贝壳死死夹住了，他使劲拔，用另一只脚踢，也无济于事。他用潜水刀想从底部跟礁石分离，潜水刀都断成两截了，那只脚还是移不动。他只好报告潜水长，求救有何妙计。

潜水长也是头次遇到这种事，只好从信号绳上传下来一个锤子，叫他把砗磲壳砸烂。他按计行事，可是水的阻力很大，哪怕是铁锤也使不上大劲，折腾了一个小时，有一侧的贝壳总算砸烂了，但他的脚依然拔不出来。

一位资深的老潜水员，过去也曾遇到过这类问题。他对水下潜水员说："光用傻劲是不行的，要用巧劲，用潜水刀把砗磲的收缩肌割断，它就没有力量夹住你了！"这位潜水员按照他说的办法，把刀插入砗磲内，把两边的收缩肌肉割断了，果然两片壳松开，他的脚这才拔了出来。

砗磲是贝类中的"巨人"。它生活在印度洋和太平洋热带浅水的礁上，它们具有粗大隆起的石灰质壳，壳面有凸起粗肋，贝壳两瓣的边缘稍微张开，由此吐露出彩色鲜艳的两片外套膜。外套膜上饰有花纹，并有二方连续图案式的一列"外套眼"，外套眼是由一种特殊细胞聚集而成的，能聚集光线，在阳光照射下能发出蓝绿色亮晶晶的光，因此又得一个"玻璃聚光器"的名称。

这一特殊的器官，并非是它炫耀身价的珠光"宝器"，而是它自身带着的"粮仓"。这一外套膜边缘组织内有单细胞的虫黄藻共生，而玻璃聚光器所聚集的光，专供虫黄藻进行光合作用大量繁殖。虫黄藻则利用砗磲在代谢中排泄出的废物，创造出含有糖类的有机物供砗磲吸收。虫黄藻在外套膜边缘组织里的存在，对促进砗磲贝壳的增长加厚有利，二者是互利互惠，互相帮助。当然，砗磲光靠虫黄藻供给的营养是不够的，也像其他贝壳一样，通过鳃滤食浮游生物为食。

金丝砗磲

砗磲的寿命在贝壳类中是最长的，一般能活 20 年左右，最长寿能过 100 岁。最大的砗磲壳长 1.5 米，有五指厚，重达 250 千克。世界上最大的砗磲在美国自然历史博物馆陈列，重量为 263 千克，是从菲律宾海岸弄来的。1816 年在苏拉威西岛附近，发现一只周长 2.56 米的大砗磲，当水手们把一根坚硬的铁棒插入壳内时，只听"喀"一声，铁棒被折弯了。可见砗磲的力量之大，令人震惊。

砗磲在生活时，与其他贝类一样偶尔受到异物的寄生、刺激也能生成珍珠。尽管这种机会很少，但世界上最大的一颗天然珍珠，却是产于砗磲之中。这颗珍珠的发现，带有神奇色彩。1934 年 5 月 7 日，菲律宾巴拉望海湾，一群小孩在珊瑚礁中潜水采集海生物，上岸后发现少了一个小孩，经寻找打捞，小孩在潜水时被巨大砗磲夹住了脚而溺水死亡。打开这只大砗磲之后，发现一颗极大的珍珠，它长 241 毫米，宽 139 毫米，重达 6350 克，这是世界上最大的天然珍珠，被命名为"真主之珠"。1969 年因美国医生哥普治好了珍珠主人——当地酋长儿子的病，酋长为了感谢哥普，将这

颗"真主之珠"送给哥普。这颗珠当时价值就高达408万美元。如今这颗"真主之珠"保存在美国旧金山银行的保险库中。

有的人问，这种生物为何叫砗磲呢？据说砗磲含义是，车子对路面辗轧日久，造成一道道深深的凹陷。这种大型的贝，有一对厚厚的石灰质的壳，壳表面像一道道沟渠，这样就被称为砗磲了。

海味之冠——鲍

鲍，一般人称其鲍鱼。它是名贵的海产品之一，素称"海味之冠"。它鲜而不腻，清而味浓，烧菜做汤，清香鲜嫩。

鲍鱼在古代有石决明、九孔螺、千里光等名称。我国古代记载的鲍鱼有2种：①杂色鲍，这是分布在我国东南沿海的贝种；②皱纹盘鲍，是分布我国北部沿海的唯一种类。鲍鱼其实不是鱼，而是一种贝壳类，因为它的形状似人耳朵，所以有的地方的人称其"海耳"，又因为它的壳上有9个孔，是它的触手伸出的地方，古人叫"九孔螺"。

鲍鱼喜欢生活在海水清澈、水流湍急、海藻丛生的海域，它利用肥大的肉足吸附于岩石上。鲍鱼的附着力是惊人的。因此，海里捕捉鲍鱼是件很麻烦的事。

应该如何捕捉呢？采鲍人必须趁其不备，骤然用铲子将其铲下，否则待其有准备，你就是把壳砸碎了，也休想把它从岩石上取下来。古时李时珍有记载说："石决明，形如小蚌而扁，外皮其粗，细孔杂杂，内则光耀，背侧有孔如穿成者，生于石崖之上，海人泅水，乘

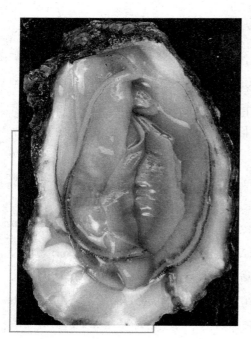

鲍

其不意即易得之，否则紧粘难脱也。"古人蒋廷锡也有记载："海人泅水取之，乘其不知用力，一捞则得，苟知觉，虽斧凿亦不脱矣！"可见我国古人对鲍鱼的形态、生活习性，以及捕捞方法都已有清楚的了解。

鲍鱼不仅是"海味之冠"，而且是重要药材——石决明。它除了可以治疗眼疾外，尚有清热、平肝息风的功效，可应用于治疗头晕眼花和发烧引起的手足痉挛、抽搐等症。

与海参、鲍齐名的海味——扇贝

扇贝是扇贝科（尤其是扇贝属）的海产双壳类软体动物的代称，本科约有50个属和亚属，400余种。其中60余种是世界各地重要的海洋渔业资源之一，壳、肉、珍珠层具有极高的利用价值。

扇贝呈世界性分布，见于潮间带到深海。壳扇形，但蝶铰线直，蝶铰的两端有翼状突出。壳光滑或有辐射肋。肋光滑、鳞状或瘤突状，色鲜红、紫、橙、黄到白色。下壳色较淡，较光滑。有一个大闭壳肌。外套膜边缘生有眼及短触手，触手能感受水质的变化，壳张开时如垂

扇 贝

帘状位于两壳间。扇贝常见于沙中或清净海水的细沙砾中。取食微小生物。靠纤毛和黏液收集食物颗粒并移入口内。能游泳，双壳间歇性地拍击，喷出水流，借其反作用力推动本身前进。卵和精排到水中受精。孵出的幼体自由游泳，随后幼体固定在水底发育，有的能匍匐移动。后幼体形成，足丝腺，用以固着在他物上。有的终生附着生活，有的中途又自由游泳。

海星是其最重要敌害，会用腕将其包围，用管足吸附使壳张开，将胃翻出消化其壳内柔软肉体。原始人即食扇贝并把贝壳作为器皿。中世纪时，朝圣扇贝的壳的图案成为一种宗教标志（圣詹姆斯之章）。扇贝的大闭壳肌

可食，主要产地在美国马萨诸塞州乔治斯浅滩的东北部和芬迪湾（新伯伦瑞克——新斯科舍）。海扇贝即巨扇贝、深海扇贝，产于新英格兰和加拿大东部，该处常见种还有海湾扇贝。盖扇贝是不列颠群岛的食用贝，还作为鱼饵。

扇贝有2个壳，大小几乎相等，壳面一般为紫褐色、浅褐色、黄褐色、红褐色、杏黄色、灰白色等。它的贝壳很像扇面，所以就很自然地获得了扇贝这个名称。贝壳内面为白色，壳内的肌肉为可食部位。扇贝只有一个闭壳肌，所以是属于单柱类的。闭壳肌肉色洁白、细嫩、味道鲜美，营养丰富。闭壳肌干制后即是"干贝"，被列入八珍之一。

广泛分布于世界各海域，以热带海的种类最为丰富。中国已发现约45种，其中北方的栉孔扇贝和南方的华贵栉孔扇贝及长肋日月贝是重要的经济品种。

扇贝为滤食性动物，对食物的大小有选择能力，但对种类无选择能力。大小合适的食物随纤毛的摆动送入口中，不合适的颗粒由足的腹沟排出体外。其摄食量与滤水速度有关，滤水速度在夜间1～3点为最低值。因此摄食量在夜间最大。主要食物为有机碎屑、悬浮在海水中的微型颗粒和浮游生物，如硅藻类、双鞭毛藻类、桡足类等；其次还有藻类的孢子、细菌等。其食物种类组成与环境中的种类相一致。

扇贝和贻贝、珍珠贝一样，也是用足丝附着在浅海岩石或沙质海底生活的，一般右边的壳在下、左边的壳在上平铺于海底。平时不大活动，但当感到环境不适宜时，能够主动地把足丝脱落，做较小范围的游泳。尤其是幼小的扇贝，用贝壳迅速开合排水，游泳很快，这在双壳类中是比较特殊的。

扇贝一般在海水退潮的时候露不出来，所以捕捞它就比较费事了。在我国沿海，捕捞扇贝主要在北方，而且只有山东省石岛稍北的东楮岛和渤海的长山岛两个地方最有名。

用扇贝制作的菜扇贝的贝壳色彩多样，肋纹整齐美观，是制做贝雕工艺品的良好材料。到海边工作、旅行或休养的人们，都很喜欢搜集一些扇贝的贝壳作为送给朋友的纪念品。扇贝味道鲜美，营养丰富，与海参、鲍齐名，并列为海味中的三大珍品。扇贝的闭壳肌很发达，是用来制作干贝的主要原料。我国自 20 世纪 70 年代以来，先后在山东、辽宁沿海地区人工养殖扇贝。人工养殖扇贝，可缩短扇贝的成熟期，产量高，收获也比较方便。

令人讨厌的贝——船蛆

在上千种的贝壳中，人们都爱不释手，但也有个别是令人讨厌的，这就是专门吃木材的贝——船蛆，被渔民称为"海洋中的白蚁"。

在舟山，人们常看到老渔民在木头船内涂沥青，再外包铁皮，或者把木船拖上岸，底朝天放在太阳下晒，当时不明白为何这样做，还以为是在加固木船。后来才明白，这一系列的措施，是为一个目的，那就是消灭船蛆，保护木船。

讨厌的船蛆是如何钻进木船做窝的呢？原来船蛆有 2 扇石灰质的贝壳，本应用来保护身体的，结果它却用当凿子去凿木头了。它为了使自己身体不受木头损害，先分泌一层薄薄的石灰质造一根白管，把身子包了起来，钻进木材，就不出来了。它们或单个分布在船底，或集群挤在一

被船蛆咬烂的船木

起，把木头当食物，日夜地钻吃木料。而且它们有惊人繁殖能力，雌排卵，雄排精，一次产数十万颗卵，1 个月就成熟了，1 个月排一次卵，子孙三代都同堂吃钻木料，因此对木船危害极大。当船蛆在木船繁殖高潮时期，住在船上的人，夜深人静时，能听到摩擦声音，往往这个时候木板内部被吃成蜂窝状，外表看上去很光滑，实际上船处在危险之中，经不起风浪的袭击了。

船蛆一般体长 20 ~ 30 厘米，约 0.5 厘米粗。大的可长达 1 米。它们不仅向木材进攻，对竹子也不例外。因此，船蛆是渔民们最恨的"白蚁"。如今有了更科学的方法，发明了化学涂料，这才结束了船蛆危害木材的历史。

水下变色精——海兔

有位潜水员，在水下作业时，突然在礁谷里看到一只兔子伏在海草中，这使他万分惊奇，海底怎么会有兔子呢？出水后他带着问题请教了海洋生物学家。

海 兔

专家说，海兔的确存在，但跟陆兔根本不同，它是一种无脊椎的软体动物，跟贝壳和海蛎子是一家。只是天长日久，它的贝壳退化成了薄又透明的角质层，被包围在外套膜里了。人们所以叫它海兔，是根据形象取名的。海兔头部长着 2 对触角，前面是管触觉的，比较短小些；后面一对是管嗅觉的，比较细长。当它静止时，嗅觉器官就伸了出来，好像是兔子耳朵，因此就取名"海兔"了。

海兔有个特殊本领，对周围环境有惊人的适应能力。它可以随食物颜色而改变。如果海兔食用的海藻是红色的，那么它的体色就变成玫瑰红色。如果海兔到别的地方食用的是绿藻、褐藻，那么它的体色很快变成棕绿色或黑色。

专家说，海兔变色适应环境，有利它保护自己，可以减少敌害的袭击。海兔还有一种特别自卫手段，它有喷射和分泌 2 种腺体：①紫色腺，一遇敌害就分泌出来，使周围海水变为紫色，借以逃避敌害。②毒腺，位于外套腔前部，一旦受到刺激就会分泌一种带酸味的乳状液体，它有一种叫人恶心的气味，也是用来防敌害的。

倒退速度惊人的动物——乌贼和章鱼

乌贼种类很多，其中最大乌贼有数吨重，是无脊椎动物中居于首位的

"巨人"。乌贼和章鱼都是头足类的软体动物。此类动物共同特点，是头上长有腕手，起手足作用，头足类也由此而来。它们体内无骨，体软无力，而得名"软体动物"。有的体内有骨鞘，但也难支撑身体。因此，形体变化无常。

生物学家把乌贼分成 2 目：十腕目和八腕目。十腕目有 10 只触手，其中有一对特别长，有一内壳，包括各种乌贼；八腕目，有 8 只触手，无内壳，这就是章鱼。鱿鱼比乌贼身子要细，肉更香，常常晒干保存，经济价值更高。这就是乌贼、章鱼、鱿鱼的区别。

无论是乌贼还是章鱼，都是诡计多端的动物，它们神经发达，粗大如绳。解剖学家测量了它们的神经，最粗直径可达 18 毫米，比哺乳类动物还要粗得多。因此，乌贼和章鱼有"海洋灵长类"之称。乌贼类不仅长于豪夺，而且善于巧取。饲养的乌贼，夜间会爬到其他鱼缸中去偷吃鱼，吃完后又回到自己的水缸中去，以避嫌疑。乌贼和章鱼吃蛤蜊的办法很巧妙。它们捡起一块石头，乘蛤蜊不备之时，将石扔入张开的双壳中，然后从容就食，绝不会重蹈"鹬蚌相争"之辙。

乌贼和章鱼眼大如斗。最大的眼睛直径可达 38 厘米。它们的眼睛构造上几乎跟人完全相同，转动自如。这也为它们观颜察色、窥测方向提供了方便条件。善伪装，巧打扮，是乌贼和章鱼一大特长。乌贼头上有腕手 5 对，章鱼有 4 对，弯曲蠕动，状似毒蛇，体裹套膜，如穿长裙，远远看去，很像数条毒蛇勾结成群，藏于皮囊裙下。

乌贼和章鱼是玩弄迷彩的能手。变色之快、配境之巧，实在令人吃惊。它们的表皮上有黑、褐、赤棕、橙、黄等色素孢，又可发出金属光泽。环境不同，色彩和花纹也随之变化。

刚刚打死或打昏的乌贼和章鱼也能变色。达尔文有次抓到一只乌贼，弄死后置于报纸上，准备进行整理研究。转眼间乌贼变色，生出黑白长条，状似斑马。初时不解，细想发现，黑白长条乃是报纸颜色。变色用意有两个：一是惑人，二是吓人。惑不成，则吓之。如果变色不足以吓人，它就会鼓气胀大，收回触手，摆出一副进攻架式。到了黔驴技穷之时，乌贼只好拿出看家本领——施放烟幕，逃之夭夭。

施放毒汁又是乌贼和章鱼的本领。乌贼体内藏毒腺，毒性强烈。螃蟹

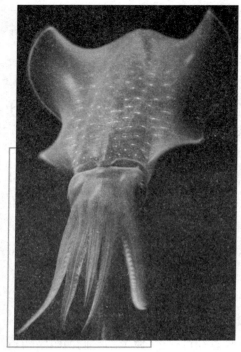

乌　贼

中毒，数分钟内即可死亡。有位渔民，捉了一条小乌贼放在肩上戏玩，乌贼爬来爬去，爬到背上，突然咬了一口，这位渔民当即感到背疼、头晕，很快他面色苍白，随即失去知觉，抢救无效而死亡。这前后只有 2 个小时。

乌贼和章鱼都是靠喷海水而运动身体，头向后，尾朝前，向后运动；它们的体形也像火箭，因此乌贼和章鱼被誉为"水中活火箭"。它们的喷射结构既巧妙又简单，耗费的"燃油"又便宜、又安全，是海水。运动速度可达 36 千米/时。

乌贼和章鱼还有一个共同特点，当它们被逮住时，为保全生命可断肢而逃。人们逮住它们时，往往触手在 4/5 处断开。它们能重新长回来，具有断肢再生能力。

很早以前，日本有艘运载贵重瓷器的船沉在了海底，那里水深流急，潜水员也无能为力。后来有人提议利用章鱼爱在瓷器瓶罐里安家钻眼的特点，来打捞这些贵重器具。他们把绳子拴在章鱼身上，放到海底去。章鱼在碎船堆中的大瓷杯和其他器皿中，找安身之处，章鱼对这些器皿有特殊癖好，结果许多章鱼盘居在器皿里，后被用绳子拖了上来。

潜水员在海底作业，常常跟章鱼相遇，不少潜水员在海底被章鱼缠住，严重威胁着生命安全。

有位芬兰的潜水员，名叫勃奇，他长年累月在海里采集名贵的珍珠。有一天，他在 40 米深的海底捞珍珠贝。突然，他感到一个软柔柔的东西碰了他一下，勃奇本能地感到不对头，他马上用潜水刀向左方砍去。发现有两只冷冰冰的触腕抱住了他的身子，其中一只被他砍断了。可是，勃奇还没有来得及喘口气，另两只长腕又抱住了他的双膝。他正要用潜水刀砍去时，那章鱼猛然朝他头盔一撞，勃奇失去平衡跌倒了。他正要向水面发出遇险信号时，那章鱼又发起进攻，把他拖出3米多远，直往一个岩洞里拖。

正在这危急关头，海面船上替勃奇拉信号的朋友，发现气泡和拉绳不对头，拖也拖不动，断定可能遇到海怪了。勃奇的朋友很机智，马上跳上一只小船，利用小船在波涛中一起一伏的浮力来抢救勃奇。他把拖着勃奇的绳索拴在船舷柱子上，当小船落入波谷时，尽量搜紧绳子和供气管，当小船随波涛颠上浪峰时，一下子就将勃奇和章鱼一块都拉离海底。当勃奇浮出海面时，那章鱼还紧抱住他不放。后来人们是用锋利的刀割断章鱼触腕，才救出勃奇。勃奇的潜水衣破了，肩和颈都流着血。章鱼的触腕头上有个吸盘，上面布满小锯齿，像虎爪，吸到人身上就能把肉吸烂了。

美国有位水下摄影师，名叫克来格，有天正在水下拍摄一些暗礁的镜头。当他游过一块大礁石时，发现有个大洞，他好奇地往里一瞧，倒吸了一口冷气，洞口上盘着两只巨大的章鱼。他转身想逃走，可是来不及了，章鱼盯住他了，向他猛扑过来。克来格马上想起一位日本潜水员遇到章鱼的经验："当章鱼抓住你的时候，你千万不要动，它就仅仅用触腕碰碰你，然后慢慢离开你。"克来格只好蹲在那里一动不动，那章鱼把他抱住，后来果真放开，不感兴趣地走了。克来格用这个办法，曾三次从章鱼怀里脱险。

说起来简单，做起来很难。要求潜水员沉着，头脑要冷静。惊慌失措，拼命挣扎就完蛋了。克来格有次差点送命，章鱼松开之后，他急忙想逃走，结果那章鱼一看是个活物，又扑过来了。幸好他动作快，开大气门，一下浮出海面，人们发现后赶来援救，用斧头把长腕砍断，他才脱险了。如果当时克来格动作慢，章鱼的触腕吸盘吸附在岩石上，那就根本浮不到海面。

章鱼触腕上的吸盘，对人体伤害并不严重，它不像鲨鱼，但是，它分泌出来的毒汁会阻止血液凝固，使伤口大量出血。因此被章鱼咬伤之后，会出现中毒症状，伤口周围红肿。毒汁进入血液会引起发烧、呼吸困难，严重的有生命危险。有一种澳洲的环状章鱼，非常小，可以放在手掌上，浅褐色，有蓝斑点，可是毒性最大，潜水员被它咬到，用不了几分钟就会丧命。

根据海洋生物学家的研究发现，章鱼一生中只生育1次，而且章鱼妈妈

章　鱼

一旦看到新的一代出世，它的生命就结束了。可以说，雌章鱼为传宗接代而舍生忘死。

雌章鱼产卵后，便渐渐地失去了食欲，不吃不喝，唯一的任务是守护在卵窝旁，急切地盼望小生命的到来。

小章鱼从卵中孵化出来，章鱼妈妈却安然地死去了。人们对章鱼妈妈的死很惋惜。可是，当你知道它死前的所作所为之后，你就会说：死得及时。

原来，小章鱼出生后，雌章鱼开始变态，变得非常凶恶残暴，那种生儿育女的母爱飞到九霄云外去了，母子感情一笔勾销，兽性发足，开始凶恶地吞吃自己的孩子。可见，章鱼妈妈及时死去，对繁衍后代是很重要的。

生物学家研究后发现，雌章鱼的死亡是由于"死亡腺"作用的结果。在雌章鱼的眼窝后面有2个特殊的腺体，称为"死亡腺"。科学家做过这样一个试验。将一条产卵后的章鱼摘除一个腺体，结果这条雌章鱼多活了2个月，在这2个月中，它仍然不吃东西，但活得良好，性情也变得温柔了。结果再把另一个"死亡腺"也摘除，那么章鱼妈妈的寿命可延长9个月。这就是说，摘除两个"死亡腺"，产卵后的雌章鱼共延长寿命11个月。在这9个月中，它恢复了食欲，生活也正常。

由此可见，"死亡腺"是章鱼衰老的有关组织。雌章鱼的迅速衰老和死亡，跟"死亡腺"有密切关系。这一点的发现，对人类延年益寿可能帮助很大，有益揭开衰老死亡之谜，从而在医学上有所突破和创新。

顶盔披胄的甲壳类动物

在无脊椎的动物中，还有一类是浑身戴盔披甲的动物，人们称它为"甲壳类动物"。主要是虾类和蟹类，有上千种。在这里主要介绍对虾、龙虾、高脚蟹、椰蟹、红蟹、寄居蟹等。倘若说贝类外壳是它们的"房子"，那么虾、蟹的外壳就是它们的"盔甲"，这盔甲就是它们的外骨骼。它们要长大时就必须蜕去一次皮，否则就不可能长大。为此，虾蟹从幼体到成体的一生中要蜕许多次皮。这就是甲壳类动物共同的特点。

 鲜美可口的海味——对虾

对虾之名，并不是想象中一雌一雄配成对，而是过去北方市场上常以"对"为计算单位出售，渔民也以对来计算他们的劳动成果，因此取名为对虾。

对虾，在我国被尊为八大海珍品之一，在日本，对虾也是作为上等的畅销水产品而蜚声市场。对虾须长腰弯，煮熟后体色透红，被日本人民视作长寿的吉兆，每逢喜庆佳节，对虾必是宴席上的佳肴。在美洲和欧洲，对虾也供不应求。这是因为它肉嫩味美，而且有丰富的蛋白质、脂肪、维生素等营养。

对虾，种类不多，只有20多种，但分布很广，几乎世界各处海洋中都有它的踪影，它是一支奔走不息的洄游大军。对虾头上有3对细长的螯足，全身裹着一节节薄而坚韧的甲壳，加之身材"魁梧"，比起其他虾类成员更

对 虾

加英气，它常常在那些神话故事里被称为日夜巡守龙宫的勇将。

在对虾王国中，只有我国北方出的对虾，被称为"中国对虾"，在国际市场上早已久负盛名。中国对虾居住在我国黄渤海域，它们不会游远，也不走亲访友，一直闭关自守，辛辛苦苦经营自己的天地。每年3~4月间，大地回春，春暖花开，此时对虾成群结队由黄渤海南部的过冬场，游到渤海湾内各河口附近产卵繁殖，因河口附近食物丰富，所以新孵出的小虾长得很快，春天生的小虾，当年秋天就长得和它们父母一样大，待萧瑟秋风吹拂海面，水温下降时，它们又成群结队向南游向黄海的过冬场去。中国对虾这种在自然海区长期形成的归原性，使得它们世世代代居在世界的东方，建立了具有悠久历史的独立王国。因此，也有些海洋生物学家，把中国对虾称为东方对虾。

对虾听起来很有人情味，以为雌雄成双成对，共度一生。其实，它们的爱情生活相当短促。只有雌虾刚刚脱下盔甲，正疲倦不堪，侧躺在海底时，雄虾才开始求婚，它缓慢地爬向雌虾，温和地在雌虾周围转几圈，同时用触角和步足轻轻地抚摸对方，显得温情体贴，如果雌虾没有表示，雄虾就进一步逼近，大约行5分钟的追逐求婚仪式。此时雄虾乘机拥抱住纤弱窈窕的雌虾进行交尾。交尾时，雌虾静静地偎在雄虾的怀抱中，本能地打开柔软的生殖器，接受雄虾生殖器送来的精荚。约莫3分钟的光景，交尾结束，两者毅然分开，温情脉脉的夫妻也随之分手了。

此后，雄虾当起薄情郎，雌虾开始独居生活。春暖花开后，它们洄游北上，雌虾群在前，雄虾群在后，互不杂群，这就是中国对虾的一段恋爱佳话。

春夏相交季节，雌虾大腹便便蜂拥而来，迫不及待地把怀中孕育了多时的卵子排放出来。差不多与此同时，储存在雌虾生殖器内达半年之久的精荚自动打开，刚好与卵子相遇结合。受精卵很快脱离母体，随海水漂荡沉浮，慢慢孵化发育成肉眼很难认的小虾。

此时的宝宝的模样相当奇特，根本不像父母面貌，而是像一只小蜘蛛，6 条光滑的大腿一刻不停地踢腾着，好像在水上跳裸体舞。夜晚，当灯光照射到海面时，这些模样奇特的宝宝，就会一下子集于灯光周围。此时的虾宝宝生物学家把它称为"无节幼体"。经过 6 次蜕皮变态，六脚蜘蛛小家伙们变成了小蜻蜓了，称为"溞状幼体"。

"溞状幼体"头顶长有尖尖的无齿额角，一对复眼炯炯有神，随时摄取水中那些微小的单细胞藻类为食。由于囫囵吞食，尾部常常拖着一线长长的粪便。1 个星期内，又是 3 次蜕皮，面庞、体形酷似小型甲壳动物糠虾，所以称为"糠虾幼体"。

"糠虾幼体"初具虾形，头重尾轻，不时地倒立在水中，乍一看，就像是一只只孑孓倒悬列队。这个时候的幼体乳牙齐出，手足灵活，开始捕食。

又整整过去 6 个昼夜，经过 3 番脱胎换骨的改扮，终于变成父形母貌的仔虾。仔虾边长边移向深水域生活，再经过无数次的蜕皮，到当年的秋末冬初便长成大虾，也就开始了神秘的恋爱和旅行结婚了。

建国后，我国水产专家对对虾进行了养殖研究，如今无论渤海、黄海、东海、南海都能养殖对虾。今天的对虾，已成为广大人民喜庆节假日餐桌上的美味佳肴了。

我国北方的对虾是长须对虾，而我国南方海域生产着另一种对虾，是短须的"斑节对虾"，它是对虾中的"巨人"，每个能重 500 克。斑节对虾是热带性种类，我国广东、福建、台湾南部沿海里都能看到它们的踪影。斑节对虾身上生着横斑，通常是褐色、红褐色，有的更深一些变成蓝褐色或黑色，腹部的游泳肢上生着红色的刚毛。斑节对虾身上的斑，随着生活环境和成熟的程度变化着。白天，斑节对虾静静伏在海底，傍晚时开始捕食。它的繁殖跟长须对虾差不多，长到 500 克左右，要经过 15 ~ 18 个月，一般寿命为 2 年。斑节对虾是大型虾类，它们对环境的适应能力较强，即使离水较长时间暴露在空气中也不会死亡。如果把它们装在湿的锯末里，它

们活的时间会长些。这对远途运活虾相当有利。

🦐 虾中之王——龙虾

龙虾体态威武，英姿飒爽，全身披盔带甲，坚硬的几丁质背甲上长着方向朝前、尖而锐利的棘刺，头的两侧伸出 2 根长长的触角，很像古时戏装里全身武装的"将帅"，好不威风。我们见到最大的龙虾标本体长连同触须达 120 多厘米，重 5 千克，堪称虾类之王。

龙虾是生活在暖水里的一种大型甲壳动物。在我国东南沿海已发现 8 种，有锦绣龙虾、波纹龙虾、密毛龙虾、日本龙虾、杂色龙虾、葵斑龙虾、长足龙虾等。分布在全世界海洋里的龙虾品种就更多。

龙 虾

龙虾的样子看起来很凶暴威武，其实它是外强中干的胆小鬼，是一种行动迟缓怯懦的动物，在"敌人"面前显得十分笨拙软弱，它们只能袭击一些不大能活动的鱼类。

龙虾的 2 根触角是它们的感受器官，每当受惊时，它们就由前向后倒竖起来，同时它们的茎部的特殊摩擦发声器，能发出"吱吱"的声响，用以誓告"敌人"，但这不过是示威而已。龙虾除了背甲上的棘刺尚有防身作用外，再也没有吓人的武器了。

龙虾生活在珊瑚礁几米到几十米的海水里，藏在两端开口的隧洞内，或者在乱石堆中。它们昼伏夜出，白天多隐于洞中，头和触角露在洞外。两条触角呈"八"字型分开或左右一字拉开，它们有时上下运动，有时做圈式活动，如雷达天线，搜索外界的威胁目标。到了夜晚，它们就从洞中爬出来，在海底小心翼翼地匍匐前进，寻找食物。龙虾很贪食，饱餐一次可以十天半月不进食。这有利于它藏在洞中过隐居安静的生活。

龙虾的胆小还表现在它藏身的隧洞，它常住的洞是两端开口的，这使它在防敌时可进可退，当敌人从前面袭来时就后退，反之就前进。在这样的洞里，人们要捉住它也相当困难。洞中的龙虾，它的防身武器也有用武之地，一旦敌害来袭与其身躯接触时，龙虾把身子用力向上一拱，棘刺即可把敌人穿刺挤死于洞壁之间。

龙虾在海底生活，与底栖生物混在一起，一些附着性的生物，常依着或固在龙虾体表，使龙虾的身躯更加笨重了，但也为它提供一些食物。

龙虾的繁殖期在夏季，我国南方在 5 月中旬就出现抱卵雌虾，即所谓"开花龙虾"。龙虾身体虽大，卵粒却很小，只有芝麻的 1/10 大小。但它产卵数量是惊人的，一只体长 35 厘米的雌虾，抱卵达几十万，甚至 100 万粒。如此多的卵，为什么龙虾产量又如此少呢？孵出的幼体，其中相当一部分适应不了环境变化而淘汰，还有一部分成了海洋中其他动物的饲料，就是幸存下来的幼体，在发育蜕化过程中，也有的中途夭折，因此成长成大龙虾的就寥寥无几了。

生活在加勒比海、巴哈马群岛及南佛罗里达半岛等地海域的西大洋龙虾，它们本来生性孤独，平时不爱集群活动，也不喜欢群居，白天都躲在洞穴里，太阳下山后才出来寻食。可是到了秋天，它们一反常态，惯于独来独往的龙虾，却自动结成数以万计为一群的集体，到南方去旅行。在旅途中，它们十来个组成一组，有时多达 60 个以上，像南飞的大雁一样，秩序井然地排成"一"字纵队。这些龙虾首尾相接，它们之间通过伸向前方的两条触角保持衔接。每个个体腹部都有刷状的游泳附肢，迁徙中龙虾的游泳附肢一齐划动，如同赛龙舟一样游向前方。这一动物中少有的壮观举动，被水下摄影录制下来。

龙虾在旅游期间，不断有新的个体加入队列中，有人曾发现相聚超过 65 只龙虾的长队。这种奇怪的现象引起科学家的浓厚兴趣，于是加强了研究，发现龙虾列队可减少前行的阻力。更深奥莫测的是，列队的龙虾个体与个体之间保持的距离是阻力最小时的距离，也就是说，它们之间的距离或再大或再小都会增大阻力。正是由于龙虾个体与个体之间保持着最佳距

离，从而使列队行进的速度加快。据测算，列队行进的龙虾每分钟可游 21 米，而单只龙虾每分钟仅游 16.8 米。龙虾列队而行还有壮大声势，威胁敌人之意。

龙虾在列队前游中，为首的排头兵承受的阻力要比后面的大。所以，行军途中时常重新组织队列，把带头的龙虾替换下来，换上新的排头兵，继续前进。

科学家们认为，研究这一现象和龙虾列队旅行时的间距，对提高各种船队的前进速度、降低燃料消耗将有积极的意义。

美洲有一种龙虾，模样像丑八怪，它是陆上蜘蛛的远亲，长着 8 条细长腿。它 2 根触须像武士头上插着的雉毛，这灵敏的触须是搜寻食物的工具，但要把它折断，它却没有一点痛的感觉。它的脑子分为 2 部，大小跟一个针头相似，分布在喉咙上下。它的神经系统不在背部，而是在肚子上。怪不得加拿大一位生物学家说：美洲龙虾是一种奇妙的动物。

美洲龙虾样子怪丑，还有一对极不相称的大螯。一只重 35 磅（1 磅约合 0.4536 千克）的龙虾，它的 2 只螯竟重 24 磅。有一次，加拿大多伦多运到一批龙虾，装在篓子里，有位好奇者想一睹尊容。谁知从篓里突然伸出一只大螯，钳住了他嘴里的大烟斗，猛一扯，不但扯掉了这位好奇者的烟斗，连他的一颗门牙也"请"了下来。

那么这种龙虾有如此大螯和硬坚的壳，又如何蜕皮的呢？原来这种龙虾在夏天到来时，狼吞虎咽地进食，把自己吃得滚圆，躯体和尾巴之间竟胀开了一条横向裂纹。这条裂纹就是"脱胎换骨"的开始。它先是侧卧着，使躯体弯曲，慢慢地蠕动，为的是从裂纹中脱壳而出。有人担心，它那两只大螯怎么蜕呢？其实也不困难，龙虾大螯里的血液会倒流，它们可缩小到正常体积的 1/9 大，这就能魔法般地从狭窄的关节里抽出来。

最让人叫绝的是，当龙虾"新生"后，蜕下的壳竟是完整无损缺的，就连腹部的嚼物牙齿、眼珠上的薄膜以及触毛上的表皮全都一一俱在，真是奇迹。

龙虾蜕皮后，躯体不断胀大，数小时内就比原先大了 15%，而体重则神奇地增加 50%。以后几个星期里，龙虾专爱捕食带壳的小动物，如海胆、海螺，那是因为它的嫩皮长成硬壳，需要大量的碳酸钙。

蟹中之王——高脚蟹

蟹肉细嫩、鲜美，是许多食客留在记忆中的佳肴。我国沿海经济价值最大的是梭子蟹，它的壳左右两端尖细，中部宽大，如同织布用的梭子，故名为梭子蟹。

居在海洋里的蟹，是蟹族中相当兴旺的一支。如招潮蟹、梭子蟹、沙蟹、红蟹、长臂蟹、椰子蟹、寄居蟹。这些蟹家族中的成员们散布在大陆近岸的地带一代一代地繁殖着。其中生活在日本海及白令海的名叫高脚蟹，是蟹中之王，个头最大。它的甲壳有30多厘米长，一条长腿就有1.5米左右。两腿伸直差不多有4米多长，体重约15千克，是世界上最大的蟹，因此不愧为"蟹中之王"。

蟹王有5对变化了的足，像10把刀一样，能把食物立即切成粉碎。2只长螯，可以在4平方米的范围内随意取食，又是自卫的武器。

因为高脚蟹的脚太长，行动反而带来一些不灵便，活动起来有些缓慢。高脚蟹生活在北太平洋的白令海和日本海一带。秋冬两季多栖息在深水中，春夏间成群结队到浅水中逗留。这时正是人们捕捉它的好季节。

高脚蟹壳薄肉多，雪白的蟹肉充满了圆筒形的长腿，肉质非常细嫩。一只高脚蟹有肉近10千克，肉不但鲜美，而且营养丰富，还可以制成罐头，是驰名世界的食品。蟹壳也不是废物，而是医学、化工、家禽饲料的重要原料。

高脚蟹咬死人的案件在日本发生多起。20世纪90年代，在日本海滩上，多次发生碎尸案，死者都被断成几节。开始警方全力以赴要擒住凶手，但都没有成功。

高脚蟹

有一次在海滩上，一只高脚蟹突然从海水中钻出，把一名十来岁的小姑娘抱住了。那小姑娘高喊救命，刚好警察在附近巡逻，立即赶来救援，警察死死抱住大螯。这时附近游客也赶来，几个小伙子把另一个大螯抱住，硬是把那个血肉模糊的小姑娘救了出来。这只高脚蟹被众人打死了，警方这才明白，原来碎尸案凶手就是高脚蟹。

这种怪现象在日本以前从来没有发生过，过去都是见人就逃的高脚蟹，如今为何不怕人要吃人呢？科学家经过分析，认为这种高脚蟹可能受海水污染的刺激，开始变异，变成了一种凶残的吃人蟹了。

背着"房子"的动物——寄居蟹

在西沙，有一次战士们跟寄居蟹展开了一场"战争"。战士们千辛万苦在珊瑚石上开出地，种上菜，眼看绿绿的菜长出几寸高了。那夜下了一场小雨，战士们老早起来了，大家都以为菜遇甘露一定长得快。可是，当战士们来到菜地时，大家一看都傻了，全部菜苗都在根部被剪断了，这恶鬼不是别人，竟是寄居蟹的恶作剧。

在西沙，每当潮水退后，广阔的沙滩上，到处可以看到许多背上驮着各种斑纹、色彩绚丽、五光十色螺壳的小动物在沙滩上爬来爬去。当你临近它们时，它们就动作迅速地缩进螺壳一动不动，这种动物就是寄居蟹。因为它们都居在可以随身携带的"房子"——螺壳里，寄居蟹的名字也由此而生。

寄居蟹的体形、构造和生活方式都比较特别，腹部柔软的螺旋体盘曲在螺壳里，利用它的尾巴把身体后端钩在螺壳的顶部。头前有 2 个状如钳子的螯足，左右螯足在身体缩进螺壳里时，大螯足挡住螺壳的门口御外敌。瘦长的第一、第二步足是爬行工具。

寄居蟹逐渐长大，原来的螺壳住不下了，它们能够随时调换较大的新房。找到大小适合的螺壳，寄居蟹只用钳状螯足伸入螺壳中试探一下，如果满意了，它就很快把身体安置在这个新房中。不管新房还是旧房，寄居蟹在居住过程中，从不交房租，所以山东沿海一带的老百姓称寄居蟹叫

"白住房"。

别看寄居蟹小，在非洲欧罗岛上，一只大海龟竟被它们生吞活剥地吃掉了。这是怎么一回事呢？原来那只海龟上岸来产蛋，拼命地挖洞，结果钻进一个树根洞里出不来了。这时寄居蟹一群群发起攻击，用大螯足钳咬海龟，2个来小时后，这只海龟被咬死了，4个小时后，竟被寄居蟹吃得精光。

寄居蟹

寄居蟹分布在热带、亚热带和温带海域。它们的肉不能吃，没有多少经济价值，然而在动物学上占有一席重要的地位。

壮观的生殖迁移——椰子蟹

椰子蟹是岛上的蟹种，常爬到树上偷椰子吃，因此被渔民称为椰子贼。

这种蟹有 1 对大螯，可轻易地剪下椰子，挖开厚壳，吃里面的椰子肉。捉它的时候要格外小心，不然指头会被它剪断的。这种蟹腿短粗有力，善于爬树。一般来讲，蟹离水时间长了会死去，可是椰子蟹特殊，它鳃腔内壁上长着多丛血管，可以帮助呼吸，吸收空气中的氧气。椰子蟹分布在热带、亚热带的珊瑚岛上。印度洋的圣诞岛是椰子蟹的天堂，据说那里岛上有各种蟹 1.2 亿只，尤其是一种椰子红蟹，每年都有一次壮观的生殖迁移。这个岛也被称为"红蟹王国"。

圣诞岛四周全是虎岩豹石，悬崖像阶梯一样向岛心隆起，而后形成一个高出海面 200 米的宽阔平原。全岛面积 135 平方千米，雨林覆盖3/4，气候相当湿润。岛上主要产业是磷矿业。

圣诞岛是世界上最大的海鸟栖息地之一，有 8 种海鸟在此繁殖。然而，

椰子蟹

这个岛上真正的特产是红蟹。据说陆蟹在这个岛上有15种，其中包括椰子蟹——世界最大的陆蟹。这些蟹大的每只有3千克重，小的数以万计，全部加起来，据说有8000吨。

每年雨季到来时，红蟹要从森林迁移到海边生殖。届时红蟹组成的"红潮"漫过陆地，从高台到海滩，到处是红蟹。你如果到那里去旅游，就会感到无处落脚。这些小红蟹是雨季中的清道夫，在迁移途中它们还忙着吃落叶、落果和凋谢的花朵，红蟹过后，森林的地面上总是像被人扫过一样干净。

红蟹主要以食草为主，但也食蜗牛和鸟的尸体，饿时连冒烟的烟头都吃。科学家认为红蟹对维持岛上的生态平衡发挥了很大作用。把植物的落叶分解掉，使养料和盐分重新再加入到营养循环中去。

红蟹从雨林带到海边，路途上约需要9～18天。红蟹要穿过居民区，横跨铁路，到海边悬崖绝壁之后还要落到海滩上，通过每道险关时，都有大批的牺牲者。

红蟹穿越居民区时乱爬乱钻，人们在窗台上、卧室里，甚至蚊帐里、枕头边都可以发现红蟹。因为它壳硬、体小、肉少、味道又不鲜美，因而人们发现后多数将其打死。夏天岛上很热，岛上运磷矿的铁路烫得能煮熟鸡蛋。加上铁轨相当光滑，红蟹要

红蟹

翻越铁轨，实属不易，滑落数十次才能成功。弄到筋疲力尽时，往往已经被烈日晒得半死不活，有的还会被火车压死。据说科学家作过统计，单过这两关就要死亡10多万只红蟹。但这不会影响红蟹繁殖后代，因为在途中死亡的仅占岛上红蟹的1/100，可谓微不足道。

红蟹的生殖很具神秘色彩。它们的产卵迁移跟月亮周期有关。科学家发现红蟹卵孵出幼蟹的日子，肯定是在下弦月的3天中。从山中向大海边迁移时，大个头的雄蟹在前面开路，接着便是庞大的雌蟹队伍，小蟹和幼蟹在最后。前面的大雄蟹壳足有100毫米宽，它们在12龄以上。过关斩将的大雄蟹一般5~7天能到达大海边，1天之后，雌蟹和小蟹、幼蟹才陆续到达。红蟹一到海滩便首先迅速补充在艰苦跋涉中失掉的水分和盐分。它们躺在潮湿的沙滩上，或将身体浸在退潮后留下的水洼中，用身体基部的毛孔来汲取海水，有的还优雅地用大螯往嘴里舀水喝。

雄蟹工作相当繁重，它们喝足吃饱之后，立即退到海滨台地争夺地盘建造洞穴，为雌蟹生儿育女作产房。这时争夺地盘的"械斗"不断发生，造成的伤亡比路途中还要多。一个个洞穴构造好后，大批的雌蟹才姗姗而来。雄蟹把雌蟹领入"新房"，便开始了短暂的"洞房之夜"。这之后雄蟹便离开洞穴到海边汲足水，又开始了返回雨林地带的艰苦旅程。

留下的雌蟹在洞中也不轻松，它们要等待受精卵发育成幼蟹。在雌蟹腹部与胸脯之间膨胀的卵巢袋中，有几千只受精卵。12天后，雌蟹离开洞穴，向海岸爬去。它们喜欢一起挤在阴凉处，不足1平方米的地方常常挤着上百只雌蟹。这时，这些雌蟹会集体发出一种奇怪的声响，像饥饿的小鸟无力地鸣泣，令人听后感到凄凄惨惨。

在涨潮的夜间，这些雌蟹爬到海边，身体躺在水边，急促而紧张地摇动身体，伸直腹部，使劲将卵弄破，让幼体爬出来。在这个时候，有许多雌蟹被海浪卷走，也有些从崖上落下而跌得粉身碎骨。活着的，产完仔后就到水中清洗孵卵袋，汲足水分，又踏上4~7天的漫长归途。

雌蟹离开海边后，海边那一片片云雾状的东西，就是红蟹的幼体。经过25天左右，海水中的幼体会向海边靠拢。此时的红蟹幼体根本不像蟹。当幼蟹长到5毫米宽时，便离开大海涌向陆地。于是，成千上万的新一代小

红蟹出现在圣诞岛上。

特种黏合剂工厂——藤壶

藤壶，名字叫起来陌生，其实你只要去过海边，你就一定见过此物。它附着在岩礁上，是一簇簇小甲壳动物，石灰质的壳子有点灰白，顶端开着小口。小口里常常伸出小手，摇摇摆摆，一旦捕到浮游生物，就缩进壳里进餐了。这小甲壳动物，它有一种天生的才能，一旦附着在岩礁和船底上，任凭惊涛骇浪拍打，也休想把它冲掉。因为它能分泌一种黏剂液体，这种黏剂，目前世界上还没有一种化学黏合剂能跟它相比。因此，藤壶的分泌物成了科学家研究黏合剂的活标本。

藤　壶

藤壶的这种特殊黏合剂，近年来已被科学家揭开了秘密。经研究分析，这种黏合剂是一种氨基酸和氨基糖构造的，在 0～205℃ 的温度内，黏合强度很高，可以把石头、水泥、木材、钢铁等黏合很牢，而且耐热、黏合速度快。目前科学家已仿制出这种黏合剂，广泛运用到电子器件、航天飞机、精密仪器的零件黏接上。藤壶黏合剂本来分泌在水中，它既不要求物体表面清洁，也不要求干燥。

但它也有一个缺点，不能黏合含铜和含汞的东西。科学家们发现这一特点后，就在油漆里加上汞的化合物，藤壶就没法定居下来。这样，一种防止藤壶附着船体的油漆就诞生了。

浑身长刺的棘皮类动物

海洋动物经过漫长时间进化到无脊椎的棘皮类动物时，体壁组织里分化出了钙质骨骼，有的相当坚固，有的成骨片埋在肚皮里，有的外面有骨针状的刺，如海百合、海星、海参、海胆等。海洋世界里棘皮类动物有数千种，光海参类现查明就有千数种。下面我们就来介绍几种主要的棘皮动物。

浑身都是"监视器"的动物——海星

海星是棘皮动物门的一纲，下分海燕和海盘车2科，不过人们都俗称其为海星或"星鱼"。

海星主要分布于世界各地的浅海底沙地或礁石上，我们对它并不陌生。然而，我们对它的生态却了解甚少。海星看上去不像是动物，而且从其外观和缓慢的动作来看，很难想象出，海星竟是一种贪婪的食肉动物，它对海洋生态系统和生物进化还起着非同凡响的重要作用。

海　星

67

这也就是它为何在世界上广泛分布的原因。

海星与海参、海胆同属棘皮动物。它们通常有 5 个腕，但也有 4 个和 6 个的，有的多达 40 个腕，在这些腕下侧并排长有 4 列密密的管足。用管足既能捕获猎物，又能让自己攀附岩礁，大个的海星有好几千管足。海星的嘴在其身体下侧中部，可与海星爬过的物体表面直接接触。海星的体型大小不一，小到 2.5 厘米，大到 90 厘米；体色也不尽相同，几乎每只都有差别，最多的颜色有橘黄色、红色、紫色、黄色、青色等。

人们一般都会认为鲨鱼是海洋中凶残的食肉动物。而有谁能想到栖息于海底沙地或礁石上，平时一动不动的海星，却也是食肉动物呢！不过实际上就是这样。由于海星的活动不能像鲨鱼那般灵活、迅猛，故尔，它的主要捕食对象是一些行动较迟缓的海洋动物，如贝类、海胆、螃蟹、海葵等。它捕食时常采取缓慢迂回的策略，慢慢接近猎物，用腕上的管足捉住猎物并将整个身体包住它，将胃袋从口中吐出，利用消化酶让猎获物在其体外溶解并被其吸收。

当潮水退去时，我们常可以在海滩上拾到手掌大小的五角形动物，这就是海星。海星属海星纲。它体色鲜艳，身体匀称，从位于中心的体盘部向周围放射出 5 个腕，每个腕都是身体的一个对称轴，体内各个器官系统也都各呈相应的 5 辐结构。海星背部微隆，腹部平坦并且有 5 条步带沟，沟内生有若干缓缓蠕动的管足，里面充满液体。这是海星特有的水管系统的主要部分，也是借水址变化而动的运动器官。5 条步带沟的交汇处就是海星的口。

海星有很强的再生能力，它任何一个腕脱落后都能再生，腕内各器官也能再生，但再生腕往往比原先的小，因此可以发现畸形的海星。如果将海星的一个腕捉住，不久这个腕就在与体盘相连处断裂，海星弃腕逃脱。

海盘车是黄海、渤海常见的肉食性海星，形似五角星，体略扁平，腕较长，管足上有吸盘。运动时用吸盘吸住地面，把整个身子支撑起来，然后一个筋斗就翻过来。沙海星是一种镶边的海星，腕心长，但腕足上无吸盘，运动时两腕伸直，抬高体盘，先以腕前端的管足插入沙中定位，然后腕离地使身体重心超越支面，随之倾倒。

瘤海星体表长着瘤状的棘，骨骼较硬，动作不自如，只好把腕向上顺势并拢，似开花瓣，然后倾倒复位。面包海星运动时也很有趣，它先让身体一侧膨胀，自然侧位，然后轻而易举地翻过身来。

海星看似温文尔雅，与世无争，其实时常欺凌弱小动物，大量吞食蛤类、小鱼，甚至六亲不认，连自己的嫡亲子孙及同族亲眷也是其果腹之物。海星食性各不相同，如海盘车，主食贻贝、牡蛎、杂色蛤等具有经济价值的贝类。

海盘车吃贝类时，先用腕管足将其握住，使贝类壳顶朝下，然后将贝壳剥开，海盘车随之翻出囊状壁薄的胃，把贝类的软体部分包住吃掉。长棘海星的再生能力强弱因种而异，沙海星可由 1 厘米长的腕长成一个完整的新个体，而海盘车则必须有部分体盘保留下来方能再生。

我们已知海星是海洋食物链中不可缺少的一个环节。它的捕食起着保持生物群平衡的作用，如在美国西海岸有一种文棘海星，时常捕食密密麻麻地依附于礁石上的海虹。这样便可以防止海虹的过量繁殖，避免海虹侵犯其他生物的领地，以达到保持生物群平衡的作用。在全世界有大约 2000 种海星分布于从海间带到海底的广阔领域。其中以从阿拉斯加到加利福尼亚的东北部太平洋水域分布的种类最多。

在自然界的食物链中，捕食者与被捕食者之间常常展开生与死的较量。为了逃脱海星的捕食，被捕食动物几乎都能做出逃避反应。有一种大海参，每当海星触碰到它时，它便会猛烈地在水中翻滚，趁还未被海星牢牢抓住之前逃之夭夭。扇贝躲避海星的技巧也较独特，当海星靠近它时扇贝便会一张一合地迅速游走。有种小海葵每当海星接近它时，它便从攀附的礁石上脱离，随波逐流，漂流到安全之地。这些动物的逃避能力是从长期进化中产生的，避免了被大自然所淘汰的命运。

尽管海星是一种凶残的捕食者，但是它们对自己的后代都温柔之至。海星产卵后常竖立起自己的腕，形成一个保护伞，让卵在伞内孵化，以免被其他动物捕食。孵化出的幼体随海水四外漂流以浮游生物为食，最后成长为海星。

海星的食物是贝类。当海星想吃贻贝时，会先用有力的吸盘将贝壳打

开，然后将胃由嘴里伸出来，吃掉贻贝的身体。所以，海星的经济价值并不大，只能晒干制粉作农肥。由于它捕食贝类，故而对贝类养殖业十分有害。

海星是生活在大海中的一种棘皮动物，它们有很强的繁殖能力。全世界大概有 1500 种海星，大部分的海星，是通过体外受精繁殖的，不需要交配。雄性海星的每个腕上都有 1 对睾丸，它们将大量精子排到水中，雌性也同样通过长在腕两侧的卵巢排出成千上万的卵子。精子和卵子在水中相遇，完成受精，形成新的生命。从受精的卵子中生出幼体，也就是小海星。

有研究者发现，一些海星具有季节性配对的习性，即雄性海星趴在雌性海星之上，五只腕相互交错。这种行为被认为与生殖有关，但其真正的功能则尚未被确认。

另外，海星还有一种特殊的能力——再生。海星的腕、体盘受损或自切后，都能够自然再生。海星的任何一个部位都可以重新生成一个新的海星。因此，某些种类的海星通过这种超强的再生方式演变出了无性繁殖的能力，它们就更不需要交配了。不过大多数海星通常不会进行无性繁殖。

海星没有特化的眼睛，它每一只腕足的末端有 1 个红色的眼点，这里可能是它光线的重要感觉区。大多数海星是负趋光性，不喜欢光亮，所以大多在夜间活动。海星虽没有眼睛，但身上有很多化学感受器，可以察觉水中食物来源，很快找到食物。以海星为例，在此系统中，每个辐射腕内有一主要的管道，且皆和位于口区的管道相连。在多数的海星，位于身体表面的多孔板子与圆形管道相接，或许可让水流进入并与内的体液相混。由每个主要管道延伸出来，短而位于侧面的小管来将水分输入送到管足。每个管足都有 1 个壶腹，此为一肌肉质的构造。当壶腹收缩，其内的液体被迫进入管足，使其伸长。管足可持续改变其形状，因水管系统内的液体可借由肌肉的活动持续不断地传入管足中。

它盘状身体上通常有 5 只长长的触角，但看不着眼睛。人们总以为海星是靠这些触角识别方向，其实不然。美、以两国科学家的最近研究发现，海星浑身都是"监视器"。海星缘何能利用自己的身体洞察一切？原来，海星在自己的棘皮皮肤上长有许多微小晶体，而且每一个晶体都能发挥眼睛的功能，以获得周围的信息。科学家对海星进行了解剖，结果发现，海星棘皮上的每个微小晶体都是一个完美的透镜，它的尺寸远远小于现在人类利用现有高科技制造出来的透镜。海星棘皮中的无数个透镜都具有聚光性质，这些透镜使海星能够同时观察到来自各个方向的信息，及时掌握周边情况。在此之前，科学家以为，海星棘皮具有高度感光性，它能通过身体周围光的强度变化决定采取何种隐蔽防范措施，另外还能通过改变自身颜色达到迷惑"敌人"的目的。科学家说，海星身上的这种不寻常的视觉系统还是首次被发现。科学家预测，仿制这种微小透镜将使光学技术和印刷技术获得突破性发展。

名贵的海味——海参

在海藻繁茂的海底，生活着一种动物，它们披着褐黑色或苍绿色的外衣，身上长着许多突出的肉刺，这就是海参。它是一种很名贵的海味，海参在世界上有上千种，而生活在我国能食用的海参只有 20 来种，经济价值最高的要算刺参和梅花参。

海参的身体为长圆筒形或蠕虫状。后端是肛门。口的周围有 10～30 个触手，触手的形状因品种而异。身体的背部常有疣足或肉刺。大多数种类生活在岩礁底、沙泥底、珊瑚礁或珊瑚沙泥底，活动十分缓慢，由于没有眼睛，无法捕捉快速运动的动物，只有吃混在沙子里的有机质和小型动植物。

自古以来，我国人民一直把海参当做重要的滋补品。它的营养价值较高，据分析干海参含水分 21.55%，粗蛋白质 55.51%，粗脂肪 1.85%。此外还含有人体所需的钙、磷、铁等物质。尤其是老年人由于软骨素硫酸的减少与肌肉的超龄有关，吃海参能补充一种明胶——氮和黏蛋白，具有延缓衰老的作用。

我国有名的刺参主要产地在山东半岛和辽东半岛的沿海，现在已经移植到浙江和福建一带沿海。我国的梅花参产地主要是南海，尤其是西沙、南沙群岛海域。

海参也是重要药源，古书《本草从新》中有"补肾益精、壮阳疗痿"的记载。在《药性考》中有"降火滋肾，通肠润燥，除劳祛症"的记载。在《纲目拾遗》中写道"百生脉血，治休息痢"。在其他药书中也有许多记载。建国后经过科学家的反复研究和测试，在总结祖国医学遗产基础上，又有新的发展。这些海参可医治

海 参

肾虚阳痿、肠燥便秘、肺结核、再生障碍性贫血、糖尿病等；海参的内脏可用于治疗癫痫病等；海参的肠可治疗胃及十二指肠溃疡和小儿麻疹。此外，近来还发现这些海参的粗制和精制的海参素均能够抑制肉瘤腹水细胞癌的生长，为控制人类癌症开辟了新药源。

但也要注意海参中毒，因为在全世界上千种的海参中，有30多种是有毒不能食用的，其中以紫轮参、辐肛参、荡皮参、海棒槌等为常见。这些海参的体内含有海参毒素比重大；其他海参也有这种毒素，但含量很少，经过晒、洗、泡之后基本消除，对人类不会形成中毒。

海参之王是梅花参，最长的有1米多长，100多千克，它背上是黄色的，有3～11只鼓鼓的小肉锥，像朵盛开的梅花。梅花参的名就由此而来。海南人不叫梅花参，而叫"菠萝参"。这种参个大、肉厚，吃起来又嫩又脆。广东人把吃梅花参看成大补哩！

梅花参怕热，5～6月份时，西沙南沙的梅花参藏在0.3米多深沙子底下，把身埋在里头睡大觉，一直到太阳下山了，它才起床寻食，像老鼠，西方也有人把海参叫做"海鼠"。

抓梅花参也并不容易，只要你的手碰到它的身子时，它就立即从身上喷出一股白花花、黏糊糊的液体来。这黏液叫"肥皂精"，有毒，小鱼一粘

上，就会被毒死。人的手指粘上这种液体，也会麻涩涩的。你再伸手抓它时，它会又施一计——拿出了护身法宝，把肠子、肚子全由肛门里喷出来，来了个"金蝉脱壳"之计，趁此机会溜之大吉。有的大鱼常常上海参的当，光顾吃海参抛出来的肠子、肚子，让它悄悄地逃走了。

神奇的是，梅花参把肠子、肚子掏出来之后，对它并无大碍，用不了多长时间，又会长出新的肠子、肚子来。更有趣的是，海里有一种身上没鳞、光明透亮的小隐鱼，一碰上危险，就把尾巴卷起来，插进海参的肛门里，然后再把身子伸直往后退，一直倒退到海参的肚皮里。有时，一条海参肚皮里能同时藏进六七条小隐鱼。当然，它们就成了海参的美味佳肴了。

捕住海参，如何加工晾晒也很有学问。曾有人在赶海时，在珊瑚礁底下抓住一条梅花参，有 10 来斤，喜得他一蹦三尺高。他将这条大海参洗干净后，就放在船上的铁板上晒了。可是等他傍晚去看时，那梅花参不见了，变成了黑黏黏一滩水。这是怎么回事呢？他怀疑有人拿走海参了。后来船长告诉他他晾晒海参方法不对，应先用海水煮沸后烫熟海参，再拿到太阳底下晾干，那样海参就不会变成一滩水了。

海参有极高的温差忍受能力，从 0℃ 到 28℃ 它都照常能自由自在地生活。把它放到冰中冻住，化开后它照样活回来。但它对盐度忍受能力很差，从海水里放到淡水里，它很快会死去，而且"五脏六腑"全部吐出来。所以，老渔民都知道，一般河流的入海口处，是找不到海参踪迹的。

海参的另一特异功能是再生。把一只海参割成三段，再抛进海里。三部分都会各自长成一只完整的海参。其过程需要 3~7 个月。海参产卵时，四周环绕着一片玫瑰色的"云雾"，这里抚育着一代新的生命。海参的幼虫以伊谷草为家，直到长为成体。每一处海藻丛都是海参别具一格的托儿所。一只只小海参在那里安然无恙，凶恶的海星或者海蟹休想靠近它们。产后的海参体质虚弱，于是它们潜入洞穴，休养身体，一直待到 10 月份。它们这样做也是为了躲避凶神恶煞般的海星，因为此时它们无力对付海星的攻击。

小海参要成长为大海参，一般需要 4~5 年。它的寿命只有 9 年。一只雌海参每年可产卵 800 万粒，但真正能成为海参的却很少。造成家族不兴旺

的原因是，多数卵被其他鱼类吃掉，还有因海水污染死掉，还有人类捕捉过度、自然繁殖越来越少等原因。

❀∴ 海中刺猬——海胆

曾有人去浅海里找活贝壳时，突然在一块礁石底下，发现一只颜色很美丽像刺猬似的动物。伸手就扑上去抓它，没有想到它浑身长着针似的硬刺，其中有根刺进了手心肉里。这一下很快手心红肿，痛得浑身冒大汗，夜里还发烧。

后来当地人告诉说，这种浑身长刺的动物叫海胆，无论抓它还是吃它都要当心，因为它的刺有毒。

海胆，它长着一个圆圆的石灰质硬壳，全身武装着硬刺，一般海洋中的动物都不敢惹它，因此有海中"刺猬"的称誉。

在海胆的口腔内有个特殊的咀嚼口器——亚里士多德提灯。这个名字听起来古怪陌生，其实它是一位学者名字，因为这个咀嚼器，形像古代的提灯，这个器官是学者亚里士多德发现的，因此就产生这个名字。这是海胆捕食和咀嚼食物的唯一的途径。其间还生着些纤细透明的小脚——管足。海胆靠这些脚移动着它的硬壳。它们体表都有石灰的硬棘，所以叫棘皮类动物。

海 胆

海胆种类也很多，全世界有 800 余种，能供人们食用的只有少数种。在我国有棘球海胆、紫海胆、白棘三列海胆和毒刺海胆。吃海胆不是吃它的肉，而是吃它的生殖腺和海胆卵黄。

海胆一般在夏秋两季捕捞。这时海胆里面包着一腔橙黄色的卵。卵在硬壳里排列得像个五角星。海胆卵是一种特殊佳肴，可以油炒鲜食，更可以和鸡蛋、肉类炒在一起，鲜美的味道使人流连忘返。山东半岛产一种"云胆酱"，畅销中外，就是用海胆卵制成的。白棘三列海胆，主要产地在南海，西沙、南沙都很多，它跟紫海胆不同，是红色的，棘刺又短又尖，卵也十分鲜肥。

吃海胆千万要小心，要防止中毒，一般有毒的海胆颜色都格外美丽。如环刺海胆，它的粗刺上有黑白条纹，细刺为黄色。幼小的环刺海胆更美，刺上像白色、绿色的彩带，闪闪发光，在细刺的尖端生长着倒钩，一旦刺入人的皮肤，就像毒针注入人体，皮肤立时会红肿疼痛，有的出现心跳加快、全身痉挛等中毒的症状。

像植物的动物——海羊齿

在海水澄明清澈的海湾里，在水下的礁石上，常伸展着无数的菊花，黄的、紫的、白的，花瓣在轻轻地飘动着，特别是白色珊瑚礁映着的红色的花朵，艳丽而超群。这些花朵，并不是植物，而是动物。它们长得有些像陆地上的羊齿植物，因此就被称为"海羊齿"。海羊齿，普通的有10个腕，腕上长着些羽状排列的侧枝，名为"羽枝"。它们是"海百合纲"这个家族中的一支。它们也有口，在反口面轮生着些短短的卷曲的细枝，也叫"蔓枝"。海羊齿大都有点"自由游泳"的本领，可以随着水流游动，碰到合适的地方，就轻舒蔓枝攀住岩石或海藻，暂时定居下来。海羊齿的"腕臂"柔软有力，可以上下左右自由摆动，它就是靠挥动这些臂来游泳的。这些腕臂中有纤毛沟，有一种黏液从纤毛沟里流出来。海羊齿靠这些黏液把海水中

海羊齿

微小的浮游生物捉住，然后送进口里。海羊齿属于棘皮动物门，在这一门里它是最古老的一纲。

海中地瓜——香参

某年潜水员们出海训练，有一天，潜水员在海底惊喜地叫喊起来："天啊！海底有不少地瓜！"船上的人一听感到纳闷，怎么海底会有地瓜呢？于是，从信号绳上传一只布袋给海底潜水员。约莫过了半小时，那只布袋传回海面上，把它倒在甲板上，果然有上百个地瓜似的东西。渔民出身的大队长说：这是一种参，叫香参，渔民叫它海地瓜，那是因为它形体和颜色都像地瓜。它的味道鲜美如海参，有人为了跟海参有区别，把它叫香参。

香参的营养价值很高，100 克中蛋白质占 49.5％，含铁 1000 毫克，钙 480 毫克，并含有多种氨基酸，跟海参差不多。香参对高血压、高血脂、冠心病均有防治效果。

采到的香参，要先搁几个小时，倒出腹中海水，然后切开腹腔，取出内脏洗干净，倒入沸水中煮十几分钟，取出晒干，即成干品。食用时跟海参一样，先用冷水发，再煮沸，剔去腹中杂物、石灰环，漂洗干净后，用冷水慢火煨熟。有的人把香参放在热水瓶内，热烫 24 小时也可以。香参要比海参价格便宜，但鲜味基本相同。

香参长 20 厘米左右，粗 10～15 厘米，体略呈纺锤形，前方较钝，有 15 个触手，后端有一明显的尾，颜色呈肉红色，体壁很薄，半透明。香参穴居浅海泥沙中，分布于我国沿海各地及日本、菲律宾、印度尼西亚等地浅海。

弹性软骨骼的头索类动物

　　生物进化，从低级到高级逐步发展。无脊椎动物的最主要特点是身体中轴没有由脊椎骨组成的脊柱。从无脊椎发展到有脊椎，经过一个漫长的时代，两者之间是怎样连接起来的呢？人们在大自然中寻找答案，在海洋里发现了比鱼低等的头索类动物。如文昌鱼、柱头虫、各种鳗等，这些动物看起来像软体动物，但它们已出现了原始的中轴骨骼，具有弹性，能弯曲，不分节，但又不像脊椎骨那样坚硬。但它们的身体已经有点像鱼，头部分化不明显，终生都有脊索，咽部壁贯穿许多鳃裂，这就是头索类动物的特征。

头长挖沙锥子的虫——柱头虫

　　柱头虫是软骨头索类动物，长约48厘米，身体淡黄色，它的嘴闭不死，打洞时就把沙子、海水一起吞到肚里，海水从鳃孔中排出，吃进的泥沙通过肠子就把混在沙中的营养有机物消化吸收了，无用的东西排出肛门外。

　　柱头虫居住海滩潮间带的地下管道里，它长着一个像三角锥子的头，前边开口，看着柔软，充水后却比较硬。它靠这个柱头往沙里钻，像打柱桩一样，所以就被称为"柱头虫"。一般人尽管常在海边走，但谁也不会去注意这种动物的存在，那么为什么在这里要介绍一番呢？这是因为这种动物在生物学家眼里，极为重要，可以从它身上找到无脊椎进化到有脊椎动物的证据，它是一种动物进化过渡型的动物。

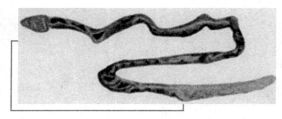

柱头虫

柱头虫是脊索动物中的头索动物，因为它的身体前部只有一段脊索，并有了神经管的萌芽，可是柱头虫跟棘皮类动物也有相似处。别小看这一段脊索的发现，在生物进化史上是过渡型的重要证据。这条神经管向前发展到了脊椎动物时，前端就变成了大脑。柱头虫脱胎于无脊椎动物，展露了脊椎动物的"新芽"。在柱头虫身上，虽然还保留着无脊椎动物所具有的腹神经索，但是脊椎动物所特有的背部中枢神经已经出现，在背神经脊前端还发现了一段中空的神经管，在吻部出现了一段脊椎体的雏形——脊索。这就是生物学家最感兴趣的发现。

要捉住柱头虫也不容易，因为它的身体很脆，稍微用力就被碰断，要采到完整的柱头虫，就用网轻轻地捞。不过断了的柱头虫，你不用担心它会死去，过一段时间它可以发育再长出一段身躯来。

海中银针——鳗鲡

在我国、朝鲜、日本和马来半岛等濒临太平洋的国家的一些水域，盛产一种诞生在海洋中、成长在河湖中的鱼。它肉质细嫩，味道鲜美，富含蛋白质和脂肪，营养价值高，这种鱼就是鳗鲡。

现代动物学的研究表明，鳗鲡是一种具有降河洄游习性的鱼类。每年秋末冬初，成长在河里的鳗鲡在性成熟后便在河口云集，聚成大群，然后集体游向深海去进行生殖。产卵场一般在北纬 20～28 度，水深 400～500 米的冲绳岛附近海域。产卵量很大，一条可产 1500 万粒，卵孵化后变态，成为形似柳叶的幼体，被称为"柳叶鳗"。有的老百姓叫它"线鳗"，只有几寸长，全身透明，因此也有人叫它"银针鱼"。

这些小鳗鲡是随潮汐进入河川的，它们具有一种利用水流盐度的变化来寻找适宜的生存环境的本领。涨潮时，它们留在海面，随潮而进入江河；

落潮时，则降到河底，以避免被落潮冲向海洋。在下降水底的时候，它们能识别流过头顶的不同水流，一旦含有内陆水的水流通过时，它们便顺这股水流来的方向，逆流而上，进入内陆水域，以完成发育的过程。逆河而上的时间，一般都在3~4月。

我国古人很早就发现鳗鲡是一种药用价值很高的动物，主治风湿、骨痛、体虚、肺结核、淋巴结核、结核发热、赤白带下等疾病。

鳗　鲡

五代宋初，有位扬州的文人，记载了这样一个有趣故事：在很古的年代，有个村子在同一天里，有几个人得了一种怪病，怎么也治不好，接二连三地死去。这是一种传染病，很可能是肺结核，当时医学无法弄清，都说是魔鬼附身了。为了防止这种怪病蔓延和扩散，全村开会商量，决定把这些病死的人装进棺材抛入江中。

棺材在江中漂流，数天后漂到今天的镇江附近，有个渔民捞起了一口棺材，打开一看，里面是一个奄奄一息的年轻女子，尽管病态缠身，仍然有几分姿色。这位渔民产生怜惜之心，把这位年轻女子救了回家。他家也很穷，没有钱给她治病，只是每天喂她鳗鲡熬的鱼汤。半月之后，这位女子渐渐好了起来，1个月后她能下地走路，2个月后她完全恢复健康，脸上有了桃花色，美极了。这位女子被这位好心的渔夫感动，产生了爱慕之心，愿嫁给渔夫为妻。日本每年7月7日定为"土用日"，即食鳗鲡节，这一天家家户户都要吃鳗鲡，酷似我国人民的端午节吃粽子和中秋吃月饼习俗。

鳗鲡的品种很多，大约有上千种，终生生活在海洋中，有数百种则终生生活在河湖之中。只有一种鳗鱼，却是半辈子生活在海里，半辈子生活在江湖河流之中，这就是我们所介绍的这种"银针"鳗鲡，学名叫日本

 鳗鲡。

这种鳗鲡寿命约 5～20 年，最长的可达 80 年。成熟的雄鳗鲡体长 30～40 厘米，雌鳗鲡 50 厘米左右。鳗鲡的性腺发育很特别，它们的性别要等到鱼长到 30 厘米以上才能确定。秋季性成熟的鳗鲡顺流而下，沿途跋涉数千里来到太平洋西部海域繁殖后代，雌鱼产卵后就死亡。

鳗鲡为什么能从淡水到海洋的咸水里生活呢？关键是它有个特殊鳃片，有"氯化物分泌细胞"，用来排出体内多余的盐分，以适应海水中高盐度的生活环境。到来年 2～5 月，大批鳗鲡幼体从海洋中进入江河湖泊，此时正是捕捞的季节。

鳗鲡的身价千金，一尾 7 厘米长的鳗鲡苗收价就高达 7 角，1 千克鳗苗约值 5000 元。可见这些"银针"鱼的身价跟白银差不多了。

暗地作恶的动物——盲鳗

夕阳下，渔民们正忙着收拢鱼网，鱼肥网重人们压不住丰收的喜悦。然而事情常常出人意料，很大的鱼在手上一掂量却轻得难以置信。再细看网里的鱼，表面完好无损，可是全是死的，多半里面已被蚀空，只剩下一张皮和骨头了。是谁挖走了鱼肉呢？手段如此狠毒、高明？经过侦察，原来这海上大规模盗窃案的肇事者竟是一些个头不大、没有眼睛、形同鳗鲡的海生物——盲鳗。

有一则消息报道："在一条鳕鱼的肚子里找到 123 条盲鳗。这些盲鳗全部活着，而鳕鱼早已死亡。经过海洋生物学家检查，鳕鱼的死亡是由于成群的盲鳗吞掉了它的内脏。这群入侵者仍然在鳕鱼尸体内吞食着。"

盲　鳗

按照常理，这世界总是"大鱼吃小鱼"，上面的两件事却相反，自然界上的确也存在"小鱼吃大鱼"的怪事，盲鳗它就有这套本事。

盲鳗的可恶之处，就是

 水下生物大观 SHUIXIA SHENGWU DAGUAN

它专门钻入大鱼体内偷吃内脏和肌肉。它们头部有一个口漏斗，里面的舌头上长有许多角质齿，这便是绞肉钻孔的利器。盲鳗一旦进入寄主体内，就穷撕猛啃，狠吞虎咽一通，随之又几乎不加消化地就排出来，这样用不着多大工夫，便将一条大鱼的内脏活生生地掏了个空。据统计，一条盲鳗在 8 小时内可吃掉比自己身体重 20 倍的东西。3 条 250 克重的盲鳗，8 小时可以吃 15 千克鱼肉。最可恨的是，这伙窃贼更爱在落网的鱼群中逞凶，肆意蹂躏人们辛苦半天即将到手的劳动成果。因此渔民对盲鳗恨之入骨。

盲鳗长着软软的圆柱状身子，拖着个扁圆尾鳍，它的口像圆吸盘，生着锐利牙齿，这就是进攻的武器。盲鳗张嘴向大鱼进攻，它们从大鱼的鳃部钻进体内，用吃里扒外的战术，来吃大鱼内脏。由于它长期过着寄生生活，眼睛已退化。可是它的嗅觉和触觉异常灵敏，使之在茫茫大海上得以迅速找到鱼群，并准确地从鱼鳃钻入大鱼体内。

在生物学家的眼里，盲鳗是珍贵动物。因为脊椎动物最主要标志之一就是体背有一根脊梁骨。盲鳗体内已具有原始脊椎骨的雏型了。可以说，在动物界从无脊椎向脊椎动物的进化过程中，到了圆口类，才算是真正脊椎动物的开始。现存圆口类动物总共只剩下不到 30 种，它们全过着寄生生活，多数栖息在海洋里。

"十六只眼" 的动物——七鳃鳗

在西沙永兴岛，渔民们捕到几条凶猛的鲨鱼，这几条鲨鱼非常怪，是漂浮在海面，半死不活时被渔民抓住的。后来渔民们在解剖鲨鱼时发现，每条鲨鱼的身体内，都钻进 10 多条小鳗鱼，一条条都吃得圆圆鼓鼓的。这些鳗鱼长得很怪，头部每侧有 8 个小孔，像是长着 16 只眼睛似的。据生物学家说这叫七鳃鳗，16 只眼睛是一种误解，最前面的 1 对是眼睛，后边的 7 对是鳃孔，是排水器官，所以把它称为七鳃鳗。

七鳃鳗到底是怎样生活的呢？生物学家说：七鳃鳗体长达 60 厘米左右。青灰色的圆柱状身体，只有背鳍和尾鳍是黑色的。每年春天，成熟的七鳃鳗从海里进入河口，奋力向上游去，雄鳗矫健，游得快，直到无力战胜水

七鳃鳗

流的力量时，才肯用口紧紧吸在岩石上，开始在水底做窝，等待雌鳗到来。雌鳗怀着成熟的卵也经过长途跋涉终于来到雄鳗的巢里，雄鳗就吸附在雌鳗的头部，一个排卵，一个排精。一条雌七鳃鳗能产 7 万左右卵粒，产卵后的雌鳗已疲倦不堪。雄鳗却在等待着另一条雌鳗的到来，到筋疲力尽，才离巢穴，顺水而下。这些排过卵、排过精的七鳃鳗已没有挣扎能力，大部分成了其他鱼类的食物。

人们利用七鳃鳗这种溯河和生殖的特性，先捕捉雄鳗，把它放在竹筐里，用以诱捕雌鳗。

孵化出的小鳗没有眼睛，它们回到海洋里来，静静地过着瞎眼的生活。从第二年开始，眼睛出现了，但它们却不喜欢光亮的地方。口也由上下两片变成圆圆的吸盘，吸盘里一圈尖尖的角质齿出现了，开始吸附到大鱼身上，并不断地咬嚼吞食，同时在口腔里还分泌出黏液，以防止寄主的血液凝固。那吸盘紧紧钉住寄主躯体，在几条七鳃鳗的进攻下，即使凶猛的鲨鱼也难以摆脱死亡的命运。

有脊椎软骨鱼类动物

什么是真正的鱼？生物学家规定 3 个条件必须具备：①终生生活在水中的脊椎动物；②用鳃呼吸，用鳍运动；③有真正的上下颌。够得上这三个条件的才能称为鱼。海洋中的鱼有 10 万多种，又分成 2 大类：①软骨鱼类，②硬骨鱼类。这里重点介绍软骨鱼类中的鲨鱼，它有 250 余种，凶猛伤人的只有 12 种。

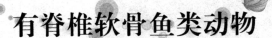 鱼类中的"巨人"——鲸鲨

有人说，海洋中最大的鱼当然是鲸，此话错了，鲸是海洋中哺乳动物，不是鱼类，不能参加鱼类比个头。鱼中之王应该是鲸鲨，无论体态还是重量，鲸鲨都是鱼类中的冠军。鲸鲨最大的长达 20 米，重达 5 吨。我国 1981 年捕到的一条鲸鲨就有 4 吨多重。鲸鲨中最大的一颗卵你猜有多大？1953 年 6 月 29 日，在美国得克萨斯州伊莎贝尔港以南 209 千米处，拖网渔船"陶里斯"号从墨西哥湾里捞到一颗鲸鲨卵，长 30.5 厘米，宽 14 厘米，高 9.8 厘米。卵中有 35 厘米长的鲸鲨胎儿。

鲸鲨的另一名字叫：偏头鲨。它长着宽扁的大头，两只小眼睛，一个宽阔的大嘴巴，张开来像一对大簸箕，在牙齿又细又小，但有 6000 颗牙齿，这一排排白白的小牙，尖尖的向里斜在上下颌上，组成一个牙阵。这个严密的牙阵，不是用来咬东西的，它们只是起着阻挡食物漏掉的作用。鲸鲨没有生长着咬嚼的牙齿，你碰到它们的时候不必担心，鲸鲨是温顺的，并

不伤人。

有位名叫汉斯·哈斯的奥地利人，他在红海潜水拍照时，遇到了一条8米长的鲸鲨，他喂它面包，它温和地在他身边游来游去，哈斯给它拍了照。第二次潜水时，哈斯又遇到这条鲸鲨，他又喂它吃的，他们成了朋友。在那十来天的水下工作日子

鲸鲨

里，这条鲸鲨几乎次次陪伴着哈斯。后来哈斯的胆子大了，竟骑到鲸鲨的背上，在海上奔驰。

鲸鲨的体色是青褐色，也有呈灰褐色。深色的条纹和斑点装饰着它的"游泳衣"，越到肚皮下越显白色。靠近脊背的上方每侧有2行从头到尾的皮脊。背鳍没有硬邦邦的棘骨。尾上翘，胸鳍宽大，划起水来是很有力的。鲸鲨在热带和温带的海域里栖息繁殖。往北达北纬42度，往南达南纬34度，对寒冷的海域是不感兴趣的，那里几乎不见它的踪影。

鲸鲨是如何进食的呢？它先张开大口吞进海水和浮游动物，闭嘴把海水一挤，水从鳃裂里排了出来。这鳃裂生在头部两侧，各有5对。相邻一对鳃裂之间生着一张弓形软骨，就是鳃弓。鳃弓的内侧生着角质的鳃耙，这些鳃耙就像海绵状的过滤器。过滤器只让海水通过，食物是无法通过的。鲸鲨靠着这种过滤器把海水滤出，把食物集中起来吞咽下去。

"白色死神"——白鲨

在鲨鱼家族中，以凶狠残暴闻名的是白鲨。人们给它一个绰号，叫"白色死神"。白鲨嘴巴大，牙齿十分锋利，它可以轻松地将巨大的海龟吞下。它还经常游向浅水和海水浴场，突如其来地伤害水中游泳者。

白鲨一般体长7米左右，重1500多千克。它的老祖宗早在1亿年以前

已经遨游在海洋里称王称霸了。经过了漫长岁月，它和鲨鱼的其他家族作为地球上活化石而延续至今。白鲨属于软骨鱼，它们的骨骼是坚韧的白色软骨。修长的体型，发达的两侧肌肉，有力的尾柄，宽大的尾鳍，这些把白鲨打扮得分外神俊。白鲨的嗅觉特别灵敏，只要嗅到血腥味它们就迅速地从远处游来。白鲨的牙齿阴森可怕，

白　鲨

像是三角形的利刃，每个齿刃上又长出些小锯齿，这样，每个牙齿就是一把锋利的锯子。这些牙齿排列在嘴里，最多的可达到 7 排，竟有 1.5 万多颗，真是两片"牙齿阵"。一旦落入这样的"牙阵"里，上下咬嚼，立即会被碾成肉酱。白鲨的牙齿是"多出性牙"，当它撕咬东西损毁后，还会重新长出新牙。

　　白鲨性贪婪，即使吃得饱饱的，也不会放过到嘴边的食物。这是因为它的肚子里有个专门储藏食物的"袋子"，一次可进食 20 多千克食物，暂时存放着。胃里食物消化差不多了，就会从袋子里转移一些出来。这样大白鲨即使几天不吃东西，也能从这个海域游到另一个海域。白鲨的食谱可以说是多样化的，海洋里的鱼虾自不必说，船上抛弃的垃圾，它也不嫌弃。在它的胃里，人们可以找到玻璃瓶、空罐头盒、破胶鞋、鲸和海豹的残骸、煤块、人的骨头……有记载，美国一艘军舰抛下的一枚炸弹，竟被白鲨一口吞进肚去，幸亏这条白鲨没有跟着军舰，却向深水潜去，不多久，水柱迸发，贪嘴的家伙葬身海底，惊恐中的人们才松了口气。白鲨是卵胎生鱼类，生殖季节在 8~9 月份，一次能产下 10 尾左右的小鲨。尽管白鲨在海里称王称霸，可是它最怕橙黄色，只要放一块橙黄色的木板在白鲨附近，它就会迅速地游开，后来人们设计的救生衣就采用橙黄色或黄色。白鲨的皮

可制成漂亮的皮革，肝脏是提取鱼肝油的优质原料，肉可食，经济价值高。

除白鲨之外，虎鲨也是鲨鱼家族中另一个可怕成员。它之所以被称为"虎鲨"，因它的身上像老虎一样有着一道道花纹，还因为它的凶残和老虎不相上下。虎鲨最大可长到9米左右，体重达1吨。它只要发现海洋中有任何移动的物体，都会追上去，向其进攻。在鲨鱼的家族中，外形最美丽的要数蓝鲨了。它的整个身体呈流线型，身上有鲜艳的蓝色条纹。和其他鲨鱼不同的是，它经常在夜间伤人。

鲨鱼身上有许多谜吸引着科学家，有些国家还成立了"鲨鱼研究团"。首先，鲨鱼是海洋中的活化石，经历了几次沧海桑田的巨变，那时生活在海洋里的鱼类都灭迹了，唯有鲨鱼活到今天。这本身就是一个重大课题。鲨鱼大都分时间生活在完全没有阳光的深海里，但能迅速地猎捕到海面的食物。鲨鱼的胃不但能储藏食物，而且还具有保鲜功能。特别引起科学家兴趣的是鲨鱼从不生病，也不感染。原来鲨鱼的血液中有各种抗体，可以研究以抑制和消灭病菌、病毒和其他病原体。科学家在实验中，把鲨鱼的抗体和人类的抗体做了比较，发现人的大部分抗体和其他脊椎动物的大部分抗体是由脾脏产生的，如把鲨鱼的脾脏切除，伤口敞开，使五脏六腑全泡在水中，也不会发炎。假如把鲨鱼血液中的抗体提取出来，就可以抑制癌组织、流感病毒和其他常见病多发病的扩展。因此，如何在鲨鱼身上提取抗癌药物，是科学家正在研究探索的新课题。

南沙捕鲨的主要方法是垂钓。鲨鱼喜集群，常结伴而行，多时数十条。鲨鱼特别喜血腥味，用猪肉等当饵食，差不多次次上钩。鲨鱼还喜欢灯光，夜间灯一开，鲨鱼就游来寻食。有的渔民半天能钓一两吨鲨鱼。

可见，"海中老虎"——鲨鱼，浑身是宝，是重要的水产资源。

法国有几名潜水员，答应海洋馆的要求，要在红海捉一条白鲨，放在海洋馆中展出。

以盖哈德·巴洛斯为首，他们经过研究，制订出一个擒白鲨方案。首先到海中猎一些鲨鱼爱吃的鱼类，把这些鱼类开膛剖肚，剔除内脏，把药物塞进鱼腹，然后带着诱饵下水，给饥饿的鲨鱼提供美味佳肴。最初几天，他们主要任务是在水下熟悉海底环境和鲨鱼的生活习性，只有这样才能达到成功的彼岸。

在上述准备工作完毕后，他们才正式开始用药物醉鲨的实际潜水工作。开始几次，他们没有成功，有几条鲨鱼吃了诱饵醉药，不但不昏迷，反而很兴奋，像吃了薄荷糖那样，这使他们感到纳闷、惊奇。后来经过研究发现，两瓶醉药的药力不够！于是他们决定，加大剂量，用10瓶药量塞进做诱饵的鱼腹里，把整个药鱼用塑料密封起来，拴在一根几米长的竿头上。但不能过早把药鱼打开，以防药在水中溶解失去药效。

他们到了被称为鲨鱼"免费品尝"的地方，这是一片空旷的海底，不远处有一堆珊瑚礁丛。他们3个人作了分工，第一个拿摄影机，拍下捕捉鲨鱼过程；第二个拿诱饵长竿；第三个是侦察员，专门躲在暗礁隐蔽处，监视白鲨活动情况，当白鲨进入他们设置的路线，他就发出信号，同时他拿着标枪，必要时防止鲨鱼攻击，保护其他潜水员。

不多久，他们发现一条2米多长的白鲨游了过来，由远及近，快要进入他们埋伏区时，鲨鱼突然转向游走了。

正在他们焦急不安时，又有3条白鲨靠近了珊瑚礁。鲨鱼好像很饥饿，探头探脑到处在寻食。3名潜水员一看机会来了，巴洛斯立即把挂有药鱼的长长竿子从礁丛中伸出，他已经接近鲨鱼了，药鱼刚露出，鲨鱼就猛冲上来，巴洛斯长竿一扔，立即躲在礁群中。鲨鱼从下方钻出，直奔竿头鱼诱饵，它的嘴刚张开，突然侧面又冲过来一条白鲨，一口就吞下10瓶醉药的鱼饵。

他们仔细观察，感觉到这条鲨鱼要摆脱伙伴，猛地转过头，朝他们游来，硬是要从他们中间通过。他们马上躲开，可是来不及了，鲨鱼看到摄影机扑了上来，当它的嘴碰上摄影机时又闪开了，好像意识到这是不能吃的东西。这时这条鲨鱼吞下去的药物开始起作用，它迟缓地游着，似乎失去了常态，碰撞着礁石，又沉落海底，激起一股泥云，然后浮上礁丛，慢腾腾地游离开去。就在这一瞬间，一张网落到鲨鱼身上，鲨鱼一急，刚好被网缠住，潜水员们赶紧收牢网口，拖着白鲨浮出海面。他们终于活擒了一条大白鲨，足有2米多长哩！

有脊椎软骨鱼类动物

尾巴像把刀的鱼——长尾鲨

夜晚，平静的海里有一群青鱼在游动，海面上不时闪出蓝色的星光。这时远处游来两条鲨鱼，顿时平静被打破了，像遇上了杀手，青鱼群急得不断跳出海面。两条鲨鱼好似狼发现了羊群，快速地围绕着鱼群转圈。它一面绕鱼群疾游，一面用那长长的尾巴不断地拍打水面，受惊的青鱼便聚集在一起，两条鲨鱼边游边逐渐缩小包围圈。当青鱼群相当密集时，这两条鲨鱼便奋力用刀状的尾巴朝青鱼群砸去，一阵乱砍乱砸之后，青鱼死伤无数。一场残酷的杀戮之后，鲨鱼便开始狼吞虎咽地吞食青鱼。但两条鲨鱼胃口有限，它们不可能把击死击伤的鱼群都吃光，糟蹋一顿之后就游走了。此时海面像落花流水一样，漂满白花花的死青鱼。

长尾鲨

这就是长尾鲨，如果是4米长的鲨鱼，那么它的尾巴就有2米长，占身体一半，那条大刀状的尾巴既是运动中的推进器，又是捕食的有力武器。这种长尾鲨是卵胎生的软骨鱼，每次产2尾小鲨。东海、南海常见，是一种温带和热带的鱼类。渔民对这种长尾鲨很讨厌，它要是多了，青鱼和沙丁鱼就少了。

有脊椎硬骨鱼类动物

海洋中鱼类有数万种，软骨有脊椎鱼类是少数，而绝大多数是有脊椎硬骨鱼类。尤其是我们日常生活餐桌上的鱼类，多数是有脊椎硬骨鱼类。在这里，介绍几种大家较为熟悉的有脊椎硬骨美味鱼类。

 我国人民爱吃的"家鱼"——黄花鱼

黄花鱼有 2 种，一种叫大黄鱼，一种叫小黄鱼，通称为"黄花鱼"。它们是两种不同种的鱼类，只是亲缘关系很近的两种鱼。因为它们有相似的颜色和外貌，因此被误认为一种鱼。只要细细观察能发现区别：大黄鱼的头、眼睛较大，尾柄较低；而小黄鱼的头较长，眼睛较小，尾柄略高。大黄鱼有椎骨 25～27 枚，小黄鱼椎骨有 28～30 枚。大小黄鱼都分布在我国沿海浅海区域，它们的洄游活力范围较小，是我国海洋中的"家鱼"。它们肉味鲜美，产量较大，在我国海洋渔业中占有重要位置，是我国近海的重要经济鱼类。

根据栖息海域不同，大黄鱼可分为 3 个种群。大黄鱼一年到头都吃东西，胃口以秋季最好。它的食物花样众多，除了吞食鱼、虾、蟹、贝类之外，甚至连自己的"子女"也吞食。大黄鱼产卵时，它们多密集成群，栖息在海水中、上层，形如山峰。福建渔民说："过去鱼群多时，连竹篙插下去也倒不下来。"

大黄鱼产卵时雌鱼不断地发出"咯……咯……"的叫声，使产卵区异

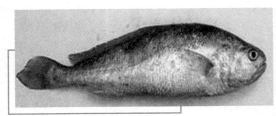

黄花鱼

常热闹，如同雨后夏夜池塘里的蛙鸣一样。这种叫声是大黄鱼腹肌收缩与鳔相摩擦而产生的。古代，我国渔民就知道根据黄花鱼叫声的大小、远近、高低，来判断鱼群的大小、栖息的水层和动向，以便及时地下网捕捞。直到今天，不少渔船还在依靠大黄鱼的叫声来下网作业。

大黄鱼的产卵场多位于沿海岛屿环列之处或内湾深沟上方，地形一般较复杂，潮流湍急，水温在 16～22℃之间。大黄鱼产卵数量很大，平均每尾在 38 万粒左右，最多有产卵 160 万粒。

小黄鱼的生活习性与大黄鱼不同之处是：它们白天躲在水底下，在黄昏和黎明时，就游到上层来寻食。小黄鱼也分成 3 个种群，即：渤黄海族、南黄海族、东海族。不管哪个种群族的小黄鱼，3 年就全部性成熟。它们也和大黄鱼一样，也是一种广食性鱼类，以糠虾、毛虾、小型鱼类、蟹以及浮游甲壳动物为主食。小黄鱼也是一年到头吃东西，但以夏、秋之间胃口最好。小黄鱼的鳔也能发声。

黄鱼又名"石首鱼"。明朝李时珍药书说："黄鱼生东海中，形如白鱼，扁身弱骨，细鳞，黄色如金，头中有白石两枚。莹洁如玉，故名石首鱼。"黄花鱼还是一味重要中药。《中国医药大辞典》指出，黄花鱼性甘平，有开胃益气之功效。临床实践也证明，经常吃黄花鱼能增进食欲、防止脾胃疾患和尿路结石等症。有药方说：黄花鱼配大枣 15 克、生姜一片清炖，熟后加黄酒少许，治疗慢性胃病，尤对虚寒型为宜。鱼脑石 5～10 粒，焙干研成极细粉末，以温水送服，治疗小便不通、膀胱结石。

大小黄鱼都是我国经济鱼类，鲜吃和加工成干片，都是美味菜肴。尤其是它们的鳔制成的筒胶和片胶，更是我国出口的传统产品。

海外游子——大马哈鱼

大马哈鱼是我国黑龙江省得天独厚的水产资源。大马哈鱼栖息在北半球的大洋中，以鄂霍次克海、白令海等海区为最多。

每年，大马哈鱼由鄂霍次克海经库页岛、鞑靼海峡，成群结队进入黑龙江产卵，完成其毕生繁衍的任务。地处黑龙江、乌苏里江汇合处的一段江面，是它洄游产卵最理想的场所，是我国盛产大马哈鱼最多的地方，也是我国少数民族赫哲族人丰收的"金色沙滩"。

大马哈鱼实际学名叫鲑鱼，但我国黑龙江人都叫它大马哈鱼，这是为什么呢？相传清太祖努尔哈赤统治黑龙江时，驻守在江畔呼玛哨所的部队被敌人包围了。敌人人多势众，部队断了粮草，人马饥饿难忍。就在这时，从呼玛河里突然跳出很多又肥又大的鱼儿，不仅人喜欢吃，而且连军马也吃得欢。就是这种鱼，为努尔哈赤的部队解了围。从此，人们便把这种连马都爱吃的鱼叫做"大马哈鱼"了。

大马哈鱼体形似纺锤。口大嘴长，腹部银白色，一般体重 4 千克左右。大马哈鱼肉色鲜红，吃上一口，鲜香溢口，它的营养价值很高，每百克含有蛋白质 14.9 克，脂肪 8.7 克。除鲜食之外，可盐渍、熏制。1 吨大马哈鱼出口，价值 4000 美元左右。

大马哈鱼

大马哈鱼籽比鱼肉更为名贵。它粒大如樱桃，色泽嫣红而透明，宛如琥珀，含蛋白质为 38%，脂肪为 11%，营养价值比名贵的鲟鱼鱼籽还高，当地老百姓说：七粒鱼籽胜过一个鸡蛋。大马哈鱼籽中含有多种人体需要的氨基酸，食后促进消化，有利健康。大马哈鱼籽制的酱放在盘子里，犹如一盘红

色珍珠，闪光发亮，相当美观诱人。每吨出口价高达1万美元以上。

大马哈鱼生在江里，长在海中。它在海中生活4年之后，到了性成熟期，就会想起自己的出生地。于是不顾一切危险和困难，开始千里寻回出生地。它们返回故土时，已长成体厚肉肥、重达3千克以上的大鱼了。这时，它们的身上披上了10余条紫红色的彩带，显得格外美丽，雌鱼颌部还伸长了，呈鸟喙状，这是大马哈鱼性成熟的标志。

到达产卵场的大马哈鱼，雌雄双双寻找一块地盘，然后就忙着筑巢，产卵排精，沉醉在欢乐之中。这时，雌鱼侧着身子，不断地用尾鳍拍打沙砾，雄鱼靠近雌鱼戏游，它们相互磨蹭，相亲相爱。

每一对雌雄鱼都占有一块1米见方的"领土"，这里既是它们的"新房"，又是它们势力范围。如果其他雄鱼冒失闯进来，新郎官就会拼命自卫反击，直到把冒失鬼驱逐出境方才罢休。

大马哈鱼的"新房"，是用尾鳍拨打沙砾，借水流的冲击而形成的，是一个直径为100厘米左右、深20厘米的沙坑。鱼卵在这里受精以后，夫妇共同用尾鳍在沙坑边拨动沙砾，将卵埋在下面。以后，夫妻仍徘徊在产卵场周围，为未见面的子女放哨，完成繁衍子孙的职责。

大马哈鱼为了繁衍子孙后代，在洄游路上不进食、不休息，乘风破浪数千千米，到了故土又忙着"结婚"，但是它们刚刚做了父母之后，精力耗尽而悄然辞世，为后代而献身。

受精卵经过一冬的低温严寒，到第二年春天才孵出仔鱼。仔鱼在产卵场只停留30来天，就随江水解冻而急急忙忙启程，沿江而下进入大海。几年之后像它们父母一样，返回故乡生殖后代，然后结束短暂一生，这就是大马哈鱼的生命史。

给皇帝进贡的鱼——鲥鱼

鲥鱼是吕四洋渔场的最重要的经济鱼类之一，一般体长30~40厘米，体重1千克左右，形侧扁，鳞大而较薄，色白如银光闪闪。每年春天，当祖国北疆还是银装素裹时，南黄海岸边已柳丝吐绿，桃花含苞。这时鲥鱼耐不住深海的寂寞，沿着上辈溯游的路线，分东北、东南两路，成群结队地闪着银鳞游向近岸。吕四洋水深 20 米的河口浅海，正是它们产卵的理想之地。于是一队队、一群群又肥又壮的鲥鱼光临这里，给人们带来丰收和欢笑。

江苏人民，每当喜逢吉庆或小青年办婚事，餐桌上总是少不了两条"清蒸鲥鱼"或是"红烩鲥鱼"，因为它肉鲜味美。当地人说，银光闪闪的鲥鱼，象征着男女青年洁白无瑕，是婚姻美满的吉祥信物，哪有不爱之理呢！许多精明的鱼贩子，往往在出售时在鲥鱼脐腰部贴上红纸条，一对一对地摆着，希望卖个好价钱。

鲥鱼不但鲜吃味美，腌制后味更美。明代，吕四的咸鲥鱼还曾作贡品进京城。传说，吕四渔人葛原六，携带鲥鱼百尾，前往南京献给明太祖朱元璋。邻居们劝他，皇宫不是平民百姓能进去的，

鲥 鱼

那里戒备森严，去南京太危险。他不听，带着鲥鱼毅然来到南京。开始他的确进不去，后来他说："我是专门给皇帝送鱼的，这种鱼只有皇帝才能吃！"守备人员不得不向朱元璋通报，朱元璋一听很高兴，立即叫葛原六进皇宫了。朱元璋问："这鱼的味道怎么样？"葛原六回答："人家说这鱼的味道很鲜美的，我还没有进贡，所以不敢先尝。"朱元璋赏赐了葛原六，还给他留下一条鱼，说是给葛原六自己尝尝。后来这就成了定规，每年进贡京城鲥鱼 99 尾，这个传说证明江苏捕捞鲥鱼历史悠久。

胆小贪食的鱼——石斑鱼

石斑鱼又叫鲙鱼，是暖水中的下层鱼类，分布于中国东南沿海、朝鲜、日本西部及印度洋等区域。它肉质细嫩鲜美，是餐桌上的佳肴。

石斑鱼橘红色的背上，栉鳞细小紧密，上面缀饰着灰黑色的条状斑花，

石斑鱼

真是美极了。有些渔民为了卖个好价钱，他们把钓上来的石斑鱼迅速用针刺向鱼腹，于是胀鼓鼓的鱼腹立即瘪了下去。原来渔民是在抽气。因为石斑鱼钓上来之后，它的鱼膘会立即鼓气，然后很快地死去。只要把鱼膘里的气抽出来，然后迅速养在海水船舱里，石斑鱼就能活了。

石斑鱼性胆小，不喜远游，只成群结队地栖息在岩礁缝隙或沙砾质的海区，依靠小虾、小鱼和贝类为生。由于它们常钻在石缝里生活，用渔网是很难捕住的，只有靠钓取。每年农历四～八月，是钓石斑鱼的黄金季节。渔民们垂钓是根据季节和水温变化，选择的鱼饵也有所不同。四～五月用小虾；五～六月用泥鳅，七～八月用小蟹，石斑鱼就会上钩。

西沙钓石斑鱼多用鸡毛和白布，原因是白色在蓝水中目标突出，再加上钓鱼船在移动，石斑鱼误认为是动物，因此就猛地冲上来，凶狠地一口就吞下了。因此，白布和鸡毛也能当鱼饵。

那么人们见过的最大石斑鱼有多大呢？2000 年的夏天印尼渔民在东沙群岛附近，捕获 1 对石斑鱼母子，各有 50 千克多。这对巨型石斑鱼身体呈椭圆形，侧扁，嘴尖齿利，鱼体表面散布着很多黑色斑点。据渔民说，这两条还不算最大的，他们曾在南沙捕住一条石斑鱼有 180 千克，长 1.8 米，估计有 140 岁高龄了。渔民说，这种巨石斑鱼一般生活在深海，以甲壳类和其他鱼类为食，在海中不轻易露面，一般靠绳钓、手钓或海底拖网才偶尔捕到。香港人爱尝百鲜，这对巨石斑鱼引起轰动，第二天就有 1000 多人到酒楼排队，花 2000 元港币尝鲜。但那些爱护动物的人却无不痛心地说：百年的奇鱼，被分尸，葬身于人口，人类应感到羞愧啊！

台湾海峡特产——虱目鱼

台湾海峡有一种特有而名贵的鱼，叫虱目鱼。这种鱼肥腴细腻，而且很特别，既可生活在海水里，也可生活在淡水里，生长的速度很快，6～8年性成熟，成鱼长约1米，体重3千克左右，最大可达10千克。

每年春暖花开时，正是虱目鱼繁殖季节。此时，台湾近海到处可见到这种鱼在随波逐流地产卵，孵化出来只有虱子般大小、黑色透明的鱼苗，浮游在台湾海峡一带。于是渔家人纷纷拿着大小木桶，到海边去打捞收养这些流浪鱼苗。拿到鱼苗市场，一般都能卖个好价钱。因此，每年春天，台湾南部捞鱼苗的人如春潮般涌来，煞是热闹。

人工养虱目鱼，水的盐度要跟海水相似，一般3～4个月，鱼苗就可长到16～30厘米长；半年后，每条鱼可达300～1000克以上。

台湾人把虱目鱼叫"麻萨末鱼"或"国姓鱼"。相传这与郑成功军队收复台湾

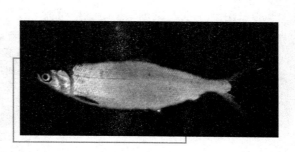

虱目鱼

有关。郑成功军队抵台初期，他和将士们很久没尝到鲜鱼，但又到处寻不到鱼踪迹，郑成功就手指台南海面说："莫说没鱼，在此撒网，或许有所得。"士兵听了，马上投网试捕，果然捕获了许多虱目鱼。他们当时不知道这种鱼的名字，只因郑成功说的方言"莫说无鱼"谐音"麻萨末鱼"，于是就以此作为鱼名。还有的说是郑成功有次设宴庆功，吃到一种特别鲜美的鱼，就问左右："这是什么鱼？"左右误认为是郑成功给鱼赐名，因闽南话"什么"与"虱目"谐音，从此这鱼就称"虱目鱼"。民族英雄郑成功曾被明代隆武帝赐姓朱，号称"国姓爷"。他最喜欢吃的鱼就是虱目鱼，故有"国姓鱼"的美称。

虱目鱼有多种烹调方法，其中最特殊的吃法是"虱目鱼糜"，"糜"是台湾人对稀粥的称呼，这种虱目鱼粥中的鱼肉都是经过精细挑选的鱼肚部分，因为这部分的鱼肉最为肥美细嫩，吃起来味道好极了。此外，台湾的虱目鱼羹也以清爽鲜香而闻名；虱目鱼汤也是台湾名菜。将虱目鱼片油炸后淋上配料，其味也异常鲜美。

水
下
生
物
大
观

SHUIXIA SHENGWU DAGUAN

会跃飞的鱼——飞鱼

到西沙旅游时，你会被飞鱼表演所吸引。在阳光照耀下，飞鱼在舰船前方的两舷，像箭一样破水而出，张开亮晶晶的鱼鳍，飞出 20 米以外，然后又呼一声落进海里，舰在航行，飞鱼几乎不间断地跳跃飞翔，实为海上奇观。有位船员早晨在甲板洗脸，突然一条飞鱼飞进了脸盆；还有一位船员的"帽子"被"飞鱼"摘走，撞落在大海里。

台湾岛的雅美人最隆重的节日，是飞鱼祭。每年 5 月，台湾春光明媚，丰收的愿望寄托在高山、平原，也寄托在大海上。雅美人身穿绚丽的节日盛装，喜气洋洋地走出家门，走向海边，参加一年一度的飞鱼祈祷祭盛典。

在海岛的海湾里，一艘艘绘有五彩图案的木船整齐地排列成行，鱼船两端翘起，像是遥望着大海，焦急地等待着出航去捕鱼。

男子汉们头戴锃亮的头盔，腰佩长剑，手腕上 12 个闪闪发光的银镯与头盔、长剑交相生辉。那模

飞　鱼

样像是武士要出征沙场。他们轻松愉快地来到海滩上，手上拿的却是炊具和小猪、公鸡。

飞鱼祈祷祭开始后，船长们代表众人登上木船，走到船首尖端，面向大海，恭敬地做出邀请的姿态，一面挥舞着手中的鸡和猪，一面高呼着："来！来！来！"乞求大海龙王给他们带来丰收。

随后，船长们回到海边篝火前，持刀割断公鸡和猪的喉管，将鲜血注入盘中。人们一起，站到盘前，用手粘上鲜红的血，跑到海边涂到一块块

鹅卵石上和一只只木船上，又拿起一节节竹筒，把血盛起来，准备晚上出海时撒到海里献给海神，以求捕鱼者平安无事。取血后的鸡和猪，当场煮熟，和山芋、地甘薯一起祭海。这时德高望重的男性长者站到高地上，向全体人讲话，嘱咐大家遵守传统习惯，保持良好秩序，敬重神明等等。讲话毕，参加仪式的男子汉们组成浩浩荡荡的队伍围绕村子游行一周，然后便聚集到各自的船长家里会餐，欢庆鱼祭。

天黑之后，一条条火龙从村子里窜出，拐弯抹角地"游"到海边，这是船长们带领自己船上的男子汉们，高举火把出发了。只听一声令下，一艘艘木船如离弦的箭，离开海滩，向大海射去。

为什么要举火把？为什么要带鸡血猪血呢？这里除迷信的因素外，还有些科学的道理：飞鱼有 2 个特性，即①见到火光就跃出海面，集群而来；②飞鱼嗅觉灵敏，对血腥味尤其爱好，闻到血腥味就好像蜂见到蜜似的，会成群结队飞进网里。雅美人摸透了飞鱼的习性，因此用火把和鸡血、猪血来吸引飞鱼，这样捕捞就更有丰收的把握了。

飞鱼为什么不安分游泳而要冲破水面飞翔呢？原来，飞鱼在被金枪鱼等肉食性鱼类追赶时，会以极快的速度用长而有力的尾柄和尾鳍下叶猛击水面，使身体腾空而起，继而展开"翅膀"——胸鳍，以 18 米/秒的速度滑翔。在漫长的物竞天择的作用下，飞鱼练就了一身"飞行"的本领。飞鱼可离开水面高达 8~10 米，滑翔距离最远可达 200 米以上。有的还会飞到舰船甲板上。

说飞鱼实际是滑翔而不是飞，是因为在它宽大的胸鳍基部没有运动的肌肉，所以胸鳍展开时不能扇动，而只能靠风力作用滑翔。

飞鱼的肉结实鲜美，是一种优良的经济鱼类，捕捞飞鱼是雅美人最重要的生产活动。由于祖先留下的一些传统，雅美人对飞鱼也有很多禁忌。如在开捕的头 1 个月里，所有男人都集体睡在会所里，不准回家跟老婆睡觉。人们任何时候，都不准用水枪射鱼，也不准钓鱼，或用石头掷向海里，更不能在海边杀飞鱼或用火烤食。在飞鱼祭日子，妇女尽管打扮得很漂亮，但只能在远处观望，不准靠近祭祀活动。只有当渔船出海回来时，她们才能去帮忙卸鱼。在搬运中飞鱼不得掉在地上，掉了的

也不能捡回去，捕到的鱼要平均分配。这就是雅美人带有神奇色彩的生活。

海中的热血动物——金枪鱼

金枪鱼，有人叫"炮弹鱼"，美国人则叫"海鸡"。这种鱼身形滚圆，青褐色的斑纹，头大而尖，尾柄细小，一般 3～5 千克，大的上百千克。它肉嫩味鲜，营养价值高，在日本 1 磅金枪鱼肉售价 50 美元。

金枪鱼是热血动物，体温高，新陈代谢旺盛，因此反应敏捷，游泳速度快，捕捉小鱼、小虾非常神速，有"海中超级猎手"之称。金枪鱼种类很多，但基本上以 3 色分类：红斑金枪鱼、青斑金枪鱼、蓝斑金枪鱼。西沙一带的青褐色金枪鱼属青斑金枪鱼。

捕捞金枪鱼最早的地方，是西西里岛。每年 5～6 月金枪鱼从大西洋北部开始它们的大迁移，它们必须穿过西西里和阿维那岛之间狭窄水道前往特尔霍兹海产卵栖息地。而就在它们蜂拥前行的路上，西西里渔民早已布下绵延数千米的迷宫般的捕网。无数拼命挣扎的金枪鱼，最终像进入漏斗一样进入了"储藏室"。紧接着是大开杀戒，挥刀抢斧，开膛取胆。只见这片海面被鱼血浸透，一只只满载而归的渔船，堆满了血淋淋的金枪鱼。

几个世纪以来，这座岛上的渔民都是以捕捞金枪鱼为生。在汛期来临之际，他们往往要耗费几十天的时间来布撒极其复杂的锥形大网。这种庞大的捞网长达数千米，有无数浮标挂在沉重的渔网上。在这绵延不绝的巨网后面，期待着无数"猎物"进入他们的网中，这也是他们千百年来传统的谋生方式。但是，随着时间的推移，这种生活方式正在改变，因为岛民们

金枪鱼

已经意识到——当年成千上万的金枪鱼，如今变得越来越少了，有些地区如加勒比海已很难寻觅到美味珍贵的蓝金枪鱼了。

西西里岛为何金枪鱼锐减呢？主要是地中海受到严重污染，大批鱼类相继死亡，金枪鱼也面临绝种的可能。即使如此，仍然有大批现代化拖网渔船在追捕快要绝种的残留的金枪鱼。尤以日本渔船为多，大型拖网渔船吨位不断提高，无节制地狂捞滥捕，海洋也回以严重报复。20 世纪 70 年代，西西里岛在每个旺季可轻松捕捞 5000 吨以上肥美的金枪鱼，而如今不足 500 吨。城里的一些加工金枪鱼的工厂，已纷纷停业关闭。如果这种掠夺性捕捞不停止，用不到几年，那些展示人类"智慧"的奇异漏头式网具将会被请进"渔业捕捞博物馆"。

鲜美而有巨毒的鱼——河豚

海洋里有毒的鱼很多，据说有上百种，有的是鱼肉里有毒，有的鱼卵有毒，有的鳍和刺中有毒。在这些有毒性鱼类中，有脊椎硬骨鱼的毒代表要算河豚鱼了。

我国宁波一带、日本许多地方，都有"冒死吃河豚鱼"一说。为什么呢？因为河豚鱼的肉细嫩，味道格外鲜美，有的渔民说："吃了河豚百味无。"这当然是夸张了，但足以说明此鱼的美味了。也正因为这种美味的诱惑，使一些贪吃的人中毒身亡。世界上每年都有几百人因吃河豚鱼而丧命。

据生物学家的解剖研究，河豚鱼的毒素主要分布在肝脏、血液、皮肤、眼睛及生殖腺里。它的毒性远远胜过一般的化学毒品。科学家经过化验分析出，在 2 千克重的河豚鱼中，约含有的毒素足以使 33 人致死。

也许人们会问：河豚鱼的毒又从哪里来的呢？生物学家推测是从河豚鱼的食物中而来的，但几十年来都苦于找不到证据，因此这个谜一直没有揭开。

不久前，日本东京大学的两位教授，经过对大量的海洋生物化验，终于揭开了河豚鱼毒素来历之谜。他们在一种小海螺中，发现了与河豚鱼毒

河　豚

素相同的物质，而这种小海螺是河豚鱼的主要食物。

　　那么小海螺有毒素，河豚又爱吃，为何河豚本身不中毒呢？科学家认为，饲料中的毒素，是慢慢在河豚体内积存的，这种毒素对鱼本身没有害处，因为河豚有足够的抵抗力，但对人体的毒害就危险了，因为人体内没有这种抵抗力。当河豚鱼毒素没有清除干净，贪吃的人毒性发作就会丧命。河豚鱼毒性重，一般人又弄不清如何来清除毒素，因此市场上严禁出售河豚鱼。

奇妙古怪的鱼类动物

海洋不仅为生命提供繁衍生息的场所，而且也雕琢塑造了海洋生物，造就了它们的特殊器官，培养了它们的特异功能，赋予了它们特殊的灵活性。海洋生物的形状、生理构造都发生了一系列的变化，对环境有极强的适应生存能力。因此，海洋中的鱼类家族才有千姿百态、各具奇妙的技能。它们在波涛下创造了一个个的奇迹！

头长锯子的鱼——锯鳐

锯鳐这种奇特的鱼的吻部向前突出，好像一口扁平的长剑，长剑两侧的刃上长着 21～26 对大小相对应的锯齿，齿长 4 厘米、宽 15 厘米。这些锯齿的根部深深埋在吻软骨的齿窝里，非常坚牢。整个突出物像把双面有齿的刀锯。锯鳐的名字由此而来。

锯鳐体长 2～3 米，最大的长 7 米左右，它是一种大型的软骨鱼。一条体长 5 米的锯鳐，它头前的锯就有 2 米，锯宽 30 厘米左右。锯鳐顶着这把威风凛凛的刀锯，在海洋中也算个霸王了，连鲸和鲨碰上它也避而远之。

锯鳐头前的这把锯，既是捕食工具，又是防御进攻的武器。它的食物范围很广，从埋在沙里的小动物到大型鱼，都是它吞食的对象。锯鳐想吃沙里的海味时，就用锯翻掘海底，把藏在里面的小动物挖掘出来；想吃鱼时，就冲进鱼群，左拉右锯，那些不幸的伤亡者就成了它的菜肴。大敌当前，锯鳐会毫不犹豫地发起进攻，用锯齿刺穿对方的身体，撕裂对方的

锯鳐

皮肉。

锯鳐是胎生，雌鱼体内受精，胚胎在母体内发育，待长成和亲鱼相仿的体形时，才产出体外。当然，锯鳐的胎生和高等动物的胎生不同，它的胚胎发育所需的营养靠卵巢黄供给，这种胎生叫做"卵胎生"。锯鳐一次可生十几条小锯鳐。

人们也许会问：这么多小锯鳐在母体里，还不把母鱼肚子锯开了吗？其实不必担心，出生前小锯鳐的锯是包裹着一层薄膜的，母体可以使它顺利产出而自身不受伤害。小锯鳐出生后，薄膜脱落，锋利的锯齿才显露出来。

锯鳐生活在热带海洋里，是暖水性近海底栖鱼类。我国南海、东海及台湾、广东沿海一带都捕获过这种鱼。这种鱼样子很怪，是古董家的收藏珍品。它肉味鲜美，也是强肾益肺的滋补品。

能腾空飞翔的巨鱼——蝠鲼

陆地上的蝙蝠大家都见过，飞起来有两扇软柔柔的翅膀。那么海洋里有没有模样像蝙蝠的鱼呢？有的，这就是善于腾空飞翔的巨鱼——蝠鲼。

蝠鲼体长 7 米多，体重可达 2 吨，头上生着 2 个可以摆动的"角"，叫做"头鳍"，左右 2 个大的胸鳍和体躯构成一个庞大的体盘。游起来，胸鳍上下摆动，就像鼓翼飞翔的蝙蝠。背上披着件灰绿底子带白斑的"衫子"，腹面雪白。鞭状的尾巴在游泳时起着平衡作用。蝠鲼生活在海底，两个胸鳍就是它水中"飞翔"的翅膀。它更有一种绝技，每当生仔季节，雌雄相伴，游到海面徐徐遨游晒日，来了兴致情绪时，会突然鼓动双鳍拍击水面，有时猛地跃水腾空，飞离水面4米多高，拖着长尾滑翔。这个重达2吨的家伙，跃落海面时，那响声就像一颗重磅炸弹落海爆炸一样惊天动海，怪吓人的。

据说在澳大利亚，有艘运动员的舢板，突然被跌落的蝠鲼砸沉，4个运动员有两个被砸成重伤，那条蝠鲼也砸得半死不活。

蝠　鲼

蝠鲼模样古怪，个头巨大，在海洋里见到它的确令人恐惧。但是，实际上蝠鲼是个"老好人"，在海洋里很温和，不伤人，善解人意，是潜水员的好伙伴。

有个美国水下摄影小组，在海底拍摄一部纪录片。有一天，突然一只巨大的蝠鲼出现在本利奇摄影师的跟前，这个巨大的怪鱼一动不动地停在他的身边，本利奇是好冒险的年轻人，他产生一个大胆想法，想骑上这条巨鱼一起去水下旅游。他游近蝠鲼，用一只手抓住它的上唇，另一只手抓住左翼的前端，一跃骑到了鱼背上。这只温顺的蝠鲼带着他潜入50米水深处，在水下绕了几圈，接着又往上飞，飞到水面。然后，它在不到20米的深处翻了个筋斗，进行一次俯冲，横滚，就像飞机在空中表演一样。本利奇过足了瘾才松开双手，安全地离开蝠鲼。

本利奇回到水面把这经过讲给朋友们听，开始没有人相信，后来每个人都试了一次，果真都骑鱼旅行了一番。组里有位女摄影师米歇尔，只留下她不敢冒险，后来在同伴们的鼓动下，她也大着胆骑上了蝠鲼，在海底转了几圈。蝠鲼跟他们交上了朋友，只要他们下潜，它就会游到身边。

有一天，米歇尔发现一条蝠鲼游到她身边，有些呆里呆气，好像有些痛苦，她一看，原来一块破渔网的尼龙绳子拉进了它的翅膀。她明白了，

这是蝠鲼来求她帮忙的。于是她手握潜水刀，爬到蝠鲼身上，把破网割掉，把勒破掀开的肉轻轻地复原。米歇尔干完这些事后，蝠鲼立时兴奋起来，带着米歇尔在海底又游了两圈。这些经历，充分告诉人们，蝠鲼是一种温和的动物。

为什么蝠鲼喜欢跃水腾空，至今是个谜。可是，人们发现小蝠鲼会在妈妈爱表演临空绝技时，被生产出来，掉落在海里。这真是一种够奇特的生育方法。当蝠鲼冲入鱼群中捕食时，头前的两个头鳍不停地向嘴方向摆动，把食物迅速地拨进嘴里，这种进食方式在动物界也是绝无仅有的。

医术高明的鱼大夫——隆头鱼

人有病要请医生，在鱼类世界里生病怎么办？海洋生物学家经过长期观察发现，鱼也有自己的医生，隆头鱼就是其中之一。

有的鱼生了病就游到隆头鱼那里请求治疗：身上感染组织，隆头鱼给它清除掉；长了寄生物，隆头鱼当场把寄生物吃掉，即使"病"生在嘴里，隆头鱼也会跑到嘴里工作起来，它完全不用担心被"病人"吞进肚子里去，相反"病人"对自己的医生会十分爱护和配合。隆头鱼不仅在鱼嘴里活动，而且在鱼鳃里钻进钻出。每当鱼大夫在治疗时，"病人"总是十分安静，把受病的部位展现出来，就连最宝贵的鳃盖也毫无保留地展开。如果拥挤，"病人"会静静地排队等后治疗。如果有个别鱼儿捣乱，隆头鱼一气之下就会停止工作，这时，多半"病人"自己整顿秩序，并把大夫围了起来，请求诊治。

隆头鱼是彩色小鱼，它的小嘴里长着尖锐细齿，小小的厚嘴唇可以向前伸出来，能把小甲壳动物等硬壳的食物啃下来，它就是凭着这副尖尖的小嘴来行医的。隆头鱼那扁扁的身躯也似乎是为了行医的方便才长的。身上鲜艳色彩也使这些"病人"一下子就认出这位鱼大夫不会伤害自己的身体，是位"好医生"。

隆头鱼世世代代在海洋里开展医疗业务，每到生殖季节就纷纷到岩缝里安家产卵，雌雄鱼共同捡拾海藻把卵盖好，通常是由雄鱼看护，直到孵出小鱼。

海洋里鱼"医生"，绝不仅仅是隆头鱼，干这职业的真不少。热带海里有种虾叫清洁虾，也是专门开"诊所"的高手。这种虾分猬虾和黄背虾，它们不仅长着同一色斑标记，而且栖息于同一个地区，但开的"诊所"

隆头鱼

专业有明确分工。猬虾工作场所宽敞明亮，在大洞穴，它专门给大鱼"治病"；而黄背虾却宁愿呆在狭小的阴暗的洞里，只为那些小鱼"治病"。尽管它们是"亲戚"又是同行，却各顾各的主顾，各干各的活，互不干预，老死不相往来。温带的清洁虾不爱开固定的"诊所"，而是爱成百上千地组成"医疗队"，在海洋里为鱼儿"巡诊"。这些"鱼大夫"为何自愿干上这一行呢？其实很简单，这不过只是生物界中一种互助现象。科学家称其为"清洁共生"——鱼虾需要除去身上的寄生虫、霉菌和积垢，而"鱼大夫"由此获食物，赖以生存，两者互利、相辅相成。

背树战旗的鱼——旗鱼

旗鱼是一种大型鱼，一般长 2 米左右，上颌像剑样突出。通体青褐色，有灰白色的斑点，这些圆斑连成一条条线。第一背鳍发育成一片宽阔的"帆"，展开来又像一面旗帜，为此人们称它为"旗鱼"。这面旗上缀着黑色斑点，很威风。它的第二背鳍却只有一点点。腹鳍却特别，长成两根细长的鳍棘，胸鳍像两把刀。当旗鱼跃出海面，张开那面"旗"飞起来时，既威风又美观。

船在海上航行时，可以见到数百条青鱼，一忽儿排成八路纵队，一忽

旗　鱼

儿散开成圆圈旋转起来，非常有组织听指挥，当然看不到它们鱼司令是谁。就在这群青鱼欢乐游动时，突然闯进一个庞然大物的侵略者，那样子像一条剑鱼，嘴上伸出一把长长的宝剑，东砍西杀，那青鱼群被杀得惊慌乱跳，七零八落，靠近者则被撕裂、撞碎，入侵者扛着一面大旗——背鳍威风凛凛地挥动着。这就是旗鱼！它那尖尖的尾鳍也像两把利刃，左挥右舞。那些侥幸没有碰上它的青鱼，赶紧逃命。

旗鱼是热带、亚热带大洋性上层鱼类，性情相当凶猛，游速相当快，经常侵入鱼群，那长吻像剑一样，可以穿透或撕裂鱼体。它的肉味鲜美，经济价值也很高。

会爬树的鱼——跳弹涂鱼

这是一种非常古怪的鱼，它会爬到海边的树上捕小虫吃，会从树上一下弹跳到海里。它就是跳弹涂鱼。

跳弹涂鱼有一对大眼睛，两只胸鳍像两条强壮的臂膀支撑着身体，身后拖一条鱼尾巴。它蓝绿色的皮肤，张着带有深色斑点的背鳍，那背鳍骄傲地撑开，越发显示它不可侵犯的样子。有人把跳弹涂鱼称为"陆地鱼"。

既是鱼类，为何要上陆地来呢？这是因为落潮后，它们在海滩上游逛可以捕到更多的食物，所以对陆地很有兴趣，经常从水里跳到陆地上来，或在沙滩上，或在潮湿洼地里。它们世世代代跳来跳去，那一对用来游泳的胸鳍就越来越强壮起来，竟然可以用它走路——爬了。有时会爬到树上乘凉或捕捉小虫，只要它用力一跳，大嘴一张，那小虫就吞进了它的肚皮。

那些陆地上的甲壳类的动物，更丰富了它的"菜单食谱"。它上陆后一只大眼睛不停地转动，搜索着它身边的食物，另一只眼睛在注视可能出现的敌害，警惕性很高。当它觉得机会来了时，便"叭"一声敏捷地将食物吞进肚里。

跳弹涂鱼

生物学家对跳弹涂鱼相当重视，从它身上找到水生渐渐进化到陆生这一过渡阶段的"证人"。那么它离水上陆为什么不像别的鱼一样死亡呢？一般来说，鱼是用鳃呼吸溶解在水中的氧，所以一旦离开水，便没有办法生存，会活活憋死。然而有少数鱼类可以暂时离开水或者在含量氧极少的水中生活，这是因为它们除鳃以外，还有特别构造，如皮肤、肠、咽喉壁、鳃上器官等，可以用这些来呼吸空气，这种营呼吸作用的构造被称为辅助呼吸器或副呼吸器。

具有辅助呼吸器的鱼类，多见于热带和亚热带海域，跳弹涂鱼就是其中有辅助呼吸器官的鱼类之一，它凭借皮肤和口腔黏膜的呼吸作用而摄取空气中的氧，因此使它能爬树，能在滩涂上跳来跳去，成为热带、亚热带地区海滩上最活跃的一员。

跳弹涂鱼跟独螯螃蟹的较量，是一场惊心动魄的搏斗。别看螃蟹横行霸道，可是，跳弹涂鱼却能巧妙地治服这种小蟹。

跳弹涂鱼见到红钳蟹，先用自己的尾巴不停地摆动，进行引诱。红钳蟹以为是送上门来的美味，就赶紧挥舞着大螯，凶狠地爬过来，一把将跳弹涂鱼的尾巴钳住。正当红钳蟹得意时，跳弹涂鱼使出自己的拿手好戏，拼命地弹跳起来，于是，海涂上出现了一场你死我活的争斗。由于跳弹涂鱼尾巴坚韧溜滑，而且很有力气，在相持一段时间以后，红钳蟹的那只大

螯终于被弹断，它筋疲力尽地趴在地上，再也没有力气去和跳弹涂鱼较量了。这时候，跳弹涂鱼就盘住红钳蟹，在被折断的螯口上吸吮，美美地享受一顿鲜美的蟹肉了。

双眼长在一侧的鱼——比目鱼

比目鱼是模样长得很奇特的鱼，不但一双眼睛都长在身体一侧，而且嘴都偏长在头的一旁，大概是这个原因，所以人们叫它"比目鱼"、"偏口鱼"。别看它们双眼在身体一侧，看东西也有一绝招，它们在海里游动时都雌雄成双成对，它们各自的眼睛各看一面，这样，就作为夫妻和睦、爱情坚贞的象征。据科学家的观察，比目鱼的卵孵出小鱼时，跟别的鱼一样，嘴和双眼长的位置都正常，只是在进一步发育成长时，眼睛和嘴巴移位了。为了适应于海底生活，比目鱼把眼移到一侧，嘴也偏转过来。

有的潜水员在水下亲眼见到有一种比目鱼，能制服鲨鱼。比目鱼躺在海底，鲨鱼以为一口能把它吞下，可是比目鱼一见到鲨鱼立即分泌一种乳白色的毒液。这种毒液相当厉害，当鲨鱼张开嘴，要吞噬比目鱼时，毒液起作用了，鲨鱼的咬肌麻痹，没有力量把张开的大嘴闭拢起来。鲨鱼张着大嘴只好逃生了。比目鱼就从鲨鱼的嘴里游走了。几分钟之后，那条鲨鱼有些不甘心，又游回来要吞噬比目鱼，结果跟前一次一样，还是张开的嘴无法合拢，它只好又游走了。这种乳白色的毒液，即使稀释5000倍，也能毒死海洋里的一些小动物，但对人体无害，因此人类可以食用比目鱼。

比目鱼肉质细嫩，味道鲜美，也算上等经济鱼类。世界上许多国家，已经开展人工培

比目鱼

养。比目鱼跟乌贼一样，也具有变色的才能，它栖息海底，随着海底环境而调色，始终跟海底基色保持一致，以便于它保护自己，捕捉食物。

德国科学家还发现，比目鱼在 30 米水深内，对颜色很敏感，如果用红色、淡绿色、蓝色和黄色渔网来捕它，产量就不高，大部分逃走了。如果用灰色、墨绿色及浅蓝色的渔网，就会增产 3% 左右。

奇特的鱼类——海马

说海马奇特，是因为它的外形古怪，和一般鱼很不相同：它的头部像马，身体和尾巴不像马，尾部细长而弯曲，体形侧扁，腹部突出，全身既无毛又无鳞，呈黑褐色，体表披着坚硬的环状骨板，看上去瘦骨嶙峋。因其头部酷似马头而得名。海马一般体长 10～20 厘米。海马的形态虽然与鱼类有较大的差别，但其生理结构却明显具有鱼类的特点：用鳃呼吸，有脊椎骨，有胸鳍、背鳍和臀鳍。所以生物学家在分类时将海马列入脊椎动物亚门、鱼纲、海龙目、海龙科、海马属。

海马一般栖息于水质清澈、暖和、底质石砾、海藻丛生及岩礁的沿海海域。这种鱼性情温和，行动迟缓，呆头呆脑，经常直立游泳，不像其他鱼那样闪烁水中，翩翩自如。海马总爱将尾巴缠附在海藻或其他的漂浮物上，或海马之间以尾相互缠绕。海马头重尾轻，它的尾巴一脱离漂浮物，头就会沉下水去，必须依靠背鳍的频繁拨水和胸鳍的帮助才能恢复直立姿态。

海马虽体小貌丑，嘴巴像条小烟管，口内无一颗牙齿，却专吃虾类，如小糠虾、磷虾、毛虾、钩虾等，不吃植物性食物及其他动物。海马在觅食时，一旦发现目标，就会用管状的吻将食物与水一起吸进嘴里，然后再将水吐出。海马的吻管内壁生有许多微小而细长的纤毛，可以代替鳃，防止到嘴的食物又随着海水一起被吐掉。

母亲生儿育女是世间天经地义的事，父亲承担"怀孕生育"的任务，在动物界中是少有的。然而，提起海马的繁殖，也许会使许多人感到不可思议：海马是由父亲"生孩子"。雄海马有点像陆地上的袋鼠，在臀鳍末端长着一个"育儿袋"，袋壁中充满大量血管，可以为"胎儿"供应足够的营养。

海 马

每年谷雨过后，海马便进入繁殖期。此时雄海马的育儿袋变厚变大。雌雄海马成双成对地用尾巴缠在一起，身体由黑褐色变成淡黄色，好像换上了一套漂亮的礼服。它们时而直立，时而平游，经过一段时间的嬉戏，双双沉下海底进行交配，雌海马将突出的输卵管插入雄海马的育儿袋中，把成熟的卵一粒一粒地送进育儿袋，同时，雄海马也排出精子，使卵子在育儿袋内受精。此后，雄海马就独立地担负起了哺育下一代的重任。

经过20~30天的发育，小海马们就要出世了。雄海马的育儿袋变得越来越大，分娩前，雄海马呼吸加快，情绪紧张，产仔多在黎明时分。生产时雄海马的身体剧烈地前后伸屈，腹部强烈地收缩，经过数次抽搐、痉挛，小海马终于被一尾一尾地从育儿袋中挤压出来。刚出世的小海马只有几毫米大，样子像孑孓，能在水中游泳。大约1个月后，小海马就能长至4~5厘米了。

海马是一种经济价值很高的名贵中药材。医学实践证明，海马具有健身补肾、消炎止痛、止血催生、强心提神、减压降热等作用，对于神经系统的疾病更有奇效。药用海马颇受国内外市场青睐，而且需求相当大。

海马虽然行动迟缓，但它神秘的外表和环状骨板使得它们能够逃脱一些掠食动物的魔爪，海马还能在数秒钟之内像变色龙似地使肤色变成和周围颜色一样，并且还会吸引众多的微生物和藻类植物固着在其表面，使得一些粗心的敌害难以辨认。海马还能长出较长的皮肤附属器官以便吸附于周围的植物上面，从而起到隐蔽作用。

尽管如此，海马依然常遭到海蟹、鳐鱼、魟鱼、金枪鱼和新西兰真鲷鱼等的捕杀。另外，暴风雨及真菌、寄生虫和细菌的感染对海马的生存也构成了极大的威胁。更主要的是人类的滥捕乱食及环境的污染使海马的群体数目正在日益减少，其躯体也越趋缩小，肤色日渐暗淡，保护野生海马的任务已经显得很迫切。

止血特效药——金钱鮸

有人说，云溪乡有位老渔民真有福气，在海滩上拾到一条 1 千克来重的鱼，发了财，盖起一幢小洋楼，这条鱼价值 500 克黄金哪！这说的就是金钱鮸。

据海洋生物学家说："金钱鮸胶是一种有止血功能奇效的药，具有起死回生的神效。"有这么一个故事：50 年前，福建云澳中庄村，有位 30 多岁的妇女，因流产后血崩，经多方医治无效，流血太多，脸无血色苍白如纸，气息奄奄，家人只好将她抬到厅中床上，穿好衣服，等候为她送行。当时有位中医说："眼下只有一种药能救她的命了。"人们问他："什么药？"他说："金钱鮸胶，但贵如金子。"这户人家有钱，拿出一金条赶到药铺，终于买回这种药。立即用白糖水和金钱鮸胶煮开，然后药凉后灌进妇人嘴里。10 分钟后，妇人失神的双目竟转动起来。1 个小时之后，她的嘴唇渐渐变软。家人又给她进药，她终于活了过来。

金钱鮸

这种鱼很难捕到，它十分聪明，能感觉到绞网受流水冲击发出的声波，因而不会自投罗网。它双眼视力很强，能看出眼前景物到底是海中自然界的活物，还是暗伏杀机的鱼钩上的饵料，它从不吞饵上钩，多数弄到的都是死亡之后被人拾到的，然后取胶晒干，相当的稀少

而珍贵。

金钱鮸胶干品呈黄色，胶头两侧各有 1 条长须，伸到胶尾，而其他鮸鱼没有长须，人们要认准这一特征。

头上带灯笼的鱼——隐灯鱼

深海中有许多鱼类，人们是很难见到的。1907 年夏天，在牙买加海岸的一个小镇上，人们发现一条奇里古怪的鱼，当时连海岸生物学家也从未见过此鱼。这条鱼怪就怪在它的眼睛下方，长着 1 对发光器。于是生物学家为其取名为"隐灯鱼"，而渔民们叫它为"光脸鱼"。世界上总是物以稀少为贵。在以后的 70 年中，再也没有人见过第二条"隐灯鱼"。

1978 年 1 月，美国加利福尼亚旧金山施特思恰特科水族馆馆长麦考斯凯尔组织了一个考察队，开始在加勒比海海域寻找这种隐灯鱼。潜水员潜入深海，不使用任何照明设备，终于捕获了几条隐灯鱼。

隐灯鱼在加勒比海大开曼群岛海域，数量较多，并不罕见。这种鱼一般生活在 200 米左右的深水中，只是夜间捕食时才游到上层海面。夜间在海里，一般人们大约从 15 米远的地方，就能看到隐灯鱼眼下发光器发出的光亮。隐灯鱼怎么控制这盏灯的开关呢？原来，隐灯鱼的眼睑很特别，眼睑一升上来把发光器就遮住，"灯"就熄灭；眼睑翻下去，发光器露出来，"灯"又亮了。眼睑的升降，决定隐灯鱼头上这盏灯的亮和灭。眼睑就像手电筒开关一样。

隐灯鱼为什么在海中要发光呢？科学家分析，不外乎两点：其一是招呼同伴；其二是方便寻找食物。据科学家初步观测，发光的是一种细菌造成的。但这种细菌跟隐灯鱼之间有何相互关系呢？至今是个没猜破的谜。

大嘴长尾鱼——巨口鱼

深海的生物群落是很稀少的，那里根本没有藻类植物，因此食草类的鱼早已销形匿迹，只剩下了肉食性鱼类。由于环境恶劣，其他生物也难生存，使食物极端匮乏，在这种情况下，深海鱼类要获得生存，不至于长时间饿肚子，一旦遇上机会，不论食物大小，就得一概吞下去。为了适应这种需要，久而久之，深海鱼形体发生了古怪的变化，口就变得异常巨大，许多鱼的主体是口。真是喧宾夺主了，但为生存带来了便利。因此深海鱼多数是巨口鱼。

海水深度每增加 10 米，就增加 1 个大气压（1 个大气压约合 101.325 千帕）。1000 米的海底就是 101 个大气压。在这巨大的压力下，深海鱼类的骨骼变得薄薄的，并且易于弯曲了，躯干和尾部两侧的肌肉变得相当强韧，皮肤也是薄而有伸展性。这些变化，都是为了适应深海环境生活。

有一种被称为"巨口鱼"的古怪鱼，一张开极大的嘴，一直裂到下颌的连接处，嘴里生着细细牙齿。粗短的身体，约 70 厘米长，可是身后突然变细了起来，拖着 3 米长的尾巴。这条尾巴足足有体长的 4 倍。巨口鱼的大嘴，可以一口吞下整条 30～40 厘米长的鱼。它吞食的鱼常常要比自己身体还要重。吞食的食物并不能立即消化掉，它们只得趴在海底慢慢消化。可是深海里谋生确实不容易，难得碰上美美饱餐一顿的好机会。巨口鱼只好饱一顿、饥一顿地打发日子。因为它吞食的本领较强、嘴的结构又特殊，人们又叫它"吞鱼"。

巨口鱼的胃也特殊，特别大，很有伸缩性，吃进食物后肚皮就鼓鼓的，腹部常常拖着一个大包袱，胃和腹壁也被拉得很薄，甚至透过体壁还能看清所吃的鱼的形态。这样，它就一连数天都饱食终日了。

深海鱼中有不少鱼是被动诱食，自己潜伏着，张大巨口，等待时机，并伸出鳍上的长丝摆动，用发光器来引诱深海中的小动物。但巨口鱼像是一种主动寻食的鱼，根据在海底拍到的珍贵照片，证明它在游猎中捕捉食物。因此它不是"守株待兔"的懒货，而是深海游猎者。

巨口鱼在海洋里很少能捕到，因此水族馆里很难见到它的模样，有也是标本。

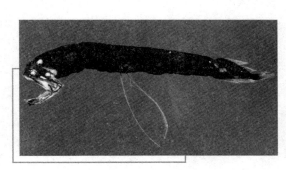

巨口鱼

生物学家对巨口鱼的研究很感兴趣，它如何传宗接代、长大、栖息都是一部没有揭开秘密的"天书"。

三条腿的鱼——鼎足鱼

传说有一种动物叫"金蟾"是3条腿的，在"刘海戏金蟾"的图画可以看到，但实际是不存在的，是艺术家的一种想象。那么在海洋动物世界里，到底有没有古怪的3条腿动物呢？有的，在2000米左右的深海里，就生活着一种鱼是3条腿的，它就是鼎足鱼。

鼎足鱼的3条"腿"，是1对胸鳍和1个尾鳍发展起来的。这3条腿细长坚韧，既是鼎足鱼的运动器官，也是它的感觉器官，有许多感觉神经末梢分布在这3条细长的鳍上。鼎足鱼跟其他深海鱼类一样，皮色是白的，它的眼睛也基本是瞎的。为什么会如此呢？这与它的生活环境有关。深海没有阳光，一片漆黑，因此皮肤变白色，眼睛长期看不到东西，逐渐退化了，因此大多数也变瞎了。为了在黑暗中生存，寻找食物，感知环境，鼎足鱼就发展了它们的鳍。这3条腿可以爬行、跳跃、发现敌害、搜寻食物，既代替了眼睛，也代替了手臂。

水下的"怪兽"和神奇生物

　　海洋中到底有没有海怪？人们传说中的海怪相当离奇。如果是什么神鬼之类的说法，肯定是迷信的、不科学的。如果是某种奇形怪状，人们一时难以认识的海洋巨兽，那么海怪的确存在。海洋中的动物有3万多种，人类叫得上名字的只有1万多种，常见才2000多种，还有许多动物对人类来说是陌生的、未知的，因此神奇和古怪也就必然了。

海上目击怪兽——蛇龙巨兽

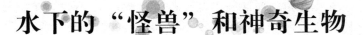

　　1819年8月3日上午8时，天空晴朗，海上风平浪静，太阳刚刚从海平线上升起。美国马萨诸塞州的渔民斯万帕特和马斯顿正沿着海岸行走。这时离岸边约180米的海面上，忽然搅动起来，涌浪层层，像海底有喷泉往上顶似的，马斯顿惊骇，立即停下脚步，挥手向同伴斯万帕特示意，两人赶到海边前去观看。这时只见海面隆起一个大蛇脑袋，它先是慢条斯理地动弹，随后就哗啦啦搅动起来，可是始终见不到身子，只是大蛇头在游来移去。这两位渔民看了足足20分钟。其他人知道后也纷纷跑来观看，一时间人群云集，非常热闹。不久，那海怪向岸边游来，吓得海水中的鱼儿向四面八方乱跳乱窜，正在观看的人群也惊恐万状，生怕海怪爬上岸来吃人，都乱哄哄向四下逃跑。

　　海上这时有两条捕鲸船拼命向"海怪"追去，其中一艘立即朝"海怪"开炮。这一炮好像是命中了，海水中涌起一股血水。然而"海怪"不但没

有逃跑，反而发起向捕鲸船的攻击，昂起巨大脑袋，猛烈向船撞击，幸好捕鲸船及时躲避没有撞中，那"海怪"就从船底潜游过去，接着又在远处的海面上露出脑袋，扬长而去。

据目击者说："海怪"身长有 24～27 米，颜色暗褐，背上长着无数的瘤，也可以说锯齿状物，它的游速比鲸快。这种"海怪"在马萨诸塞州沿海不止一次被人见过。而这一次目击者约有 300 人，是目击者人数最多的一次。

1833 年 5 月 15 日，沙列班上校带数名英兵乘一条游艇，从加拿大东部的哈利法克斯港出发，到海上钓捕鲑鱼。正当官兵们兴致勃勃地射击成群的海豚时，突然有人大叫起来，大家应声看时，只见与海豚相反方向一侧，约莫 135 米处，一头怪物从水中冲了出来。那褐色的颈约有 1.8 米长，上面带有不规则的白线斑纹，颈的顶端弯曲向前突出，能上下左右自由摆动，游动起来非常像蛇。

沙列班上校在他的报告中说："此事绝然无误，也绝非幻觉。说实在话，我们全体因能看到真实的海龙而感到心满意足。"

1848 年 8 月 6 日，英国军舰"迪达拉斯"号在舰长彼得·马库海命令之下返回本国。当军舰开到非洲南端以西约 300 海里处时，少尉沙特立斯忽然报告，在舰身横面有个怪物出现，而且正向军舰逼近。水兵们好奇地立在甲板上观望，一头巨大的"海龙"将头伸离海面 1.2 米，与船身非常接近地朝西南方向游去，经仔细观察，舰长认为这头怪物仅水上部分就有 18 米长，颈部显然像蛇，头部直径约半米，颜色黄中带白，身体两侧为深褐色。背后有鬣状之物，沉入水中有如成堆的海草。其游动的速度约 12～15 海里/时。

无独有偶，1 个月零 14 天之后，美国两桅帆船"达夫尔"号也遭遇到类似怪物。当时暑气逼人，船员们汗流浃背，沥青自甲板空隙不断流出。这时，突然离船 30 多米的水中，一个龙头蛇身的怪物直挺地自水中出现，闪闪发亮的眼睛朝船直望。不久，约有 30 余米的身子露出水来。"达夫尔"号这条小船，生怕遭到怪物的攻击，人人都吓得面无血色，只有船长相当地镇静。他下令立即装好船上的大炮，然后瞄准怪物开炮。怪物猛地抬起头来，身体剧烈地左右摇摆，迅速转身向远处逃逸。船长测量了一下，怪物航速约 15 海里/

时。发现这种"蛇龙"长身的怪兽的记载不少，而且模样大同小异。1878 年 8 月 29 日，美国海岸巡逻船"道里夫物"号停泊在古德岬的莱斯海角附近。当时视野良好，烈日当空，万里无云，海面如镜。天很炎热，船员们都在帆阴下乘凉。忽然间，在距离 360 米远的海面，哗啦升起一木杆状的怪物，直挺挺地竖立着。接着，它朝前弯曲，没入水中。众人惊奇而又兴奋地继续注视着，期待它再次出现。果然，那怪物不负众望，30 分钟之后又浮起，露出水面的部分越来越长，一直延伸到 12 米左右。怪物身体圆滑，颜色暗褐，有如硕大无比的蚯蚓。背部附有巨大的脊鳍，长度在 4.5 米以上。此怪物令人不解的是没有头部，见不到耳目和嘴，尾巴也不外露。

1900 年苏格兰"克拉克"号船，突然发现一头雄伟庞大的黑色怪物，它跟船赛游，在船上风 450 米处。开始船员们以为是大鲸鱼，可是后来看清了，头部像蛇，曲里拐弯的身子很长。船员们用绳子拴着铁钩向它投去，想把它的身子钩上船来。第一次没有钩住，第二次终于搭到它的背上。怪物将身子上半部浮出海面，向船发起攻击。它冲过来把头放到船上放置鹰嘴钩的地方，其后闪电般地潜入水中。就在这一瞬间，甲板上的绳索、帆和鹰嘴钩等被一扫而光，水手们大惊失色。很快怪物就消失了。据船长报告：怪物身长约 20 米。

所有上面这些记载不难看出，海洋中巨兽——蛇龙的确是存在的。

海中相遇巨型怪兽——大王乌贼

"海中有妖精，藏于皮囊中，寻常看不见，偶尔露狰狞。"这就是古时形容多头蛇妖——大王乌贼的短诗。最大的大王乌贼有数十吨，体长 18 米，躺在地上，它的触手可伸到六楼。但世界上真正在海中相遇过这种怪物的人寥寥无几，从怪物嘴里活下来的人更是奇迹。海军中尉克科斯就是其中之一。

1941 年 3 月 25 日，在大西洋中的北非与南非之间，英国"不列颠"号运输船被德国巡洋舰击沉。当时 20 名船员幸免于难。水手们紧紧抓住仅有的一只木筏在海上挣扎，因为人太多，筏太小，都要挤上去难以承受，大家只好轮流上筏休息，其他的人只好在海上抓住筏漂流，留着生的一线希望。

　　一天夜里，天上没有星月，但凭着海水的荧光能看清数米之内的情况。突然，"哗啦"一声，一个巨大黑影浮出海面，用大腿粗的长长触手，像根粗大绳子一样，抛向一个水手，毫不费力瞬间就把那个水手从木筏上拉下、卷走，很快拖入黑暗无底深渊了。深受折磨的人们，恐惧地等待这一不速之客——多头巨妖再次降临。

　　惊魂未定的海军中尉克科斯，突然惊叫了一声，一个冷冰冰的东西触碰了他一下，接着是一阵灼烧似的难忍的疼痛。他伸手一摸，一个软柔柔的东西从他手上滑走。原来是那巨怪的触手上锯齿状的吸盘，吸住了他的大腿。但不知什么原因，巨怪的吸盘突然放开了，中尉幸免被卷走。

　　第二天，克科斯中尉发现，被海中巨怪吸过的大腿上留下几个依然出血的大伤口，每个都有茶杯盖那么大。海中怪兽把中尉的一块块皮肉撕了下来。后来经过长期治疗，伤口才愈合，但永远留下了伤疤。

　　遇难水手在海上搏斗了5天5夜，总算脱险。有些研究海洋动物的科学家，听说克科斯中尉被海中妖怪的触手吸盘吸过，都为重要新闻和科学资料来找中尉。科学家们对中尉大腿上的伤疤进行了测量。依据疤口大小来推断这个海中巨兽是大王乌贼。经过计算，这只大王乌贼不算大，触手约7米长。

　　那么人们亲眼见过的大王乌贼袭击人与航船的有多大呢？据挪威《自然》杂志1946年12月号刊出一篇文章记载，一条大王乌贼曾攻击过油轮"布伦斯维克"号，该船长150米，载重15000吨，当时正在夏威夷岛与萨摩亚之间航行。20多米长的大王乌贼，突然从深海里冒了出来，很快追上航速19千米/时的油轮，它同油轮并行游了一会，然后划了一个半圆，从前面绕到油轮右边，急速向航船冲击，抱住船舷，用力猛击外壳板，敲得钢板当当响，船都摇晃起来。它试图抓住光滑的船壳金属表面，有几只很粗的触手抱住了船身，有几只伸到船的甲板上，差一点碰到了甲板上的输油装置。

　　突然"咣当"一声，大王乌贼的两只触手把甲板上的两根脸盆粗的铁管掰断了。船员们吓得目瞪口呆，谁也不敢前去与巨兽搏斗。船长惊慌中下令开高速，想用冲浪把大王乌贼怪兽冲下去。大王乌贼渐渐向船尾滑去，好像要从船尾爬上甲板，但它终于碰到了飞转的推进器，螺旋桨的叶片像锋利的刀，给了大王乌贼以致命的打击，它不得不松开触手潜入深海消失了。

地球上，海洋中最大的动物就是大王乌贼和鲸鱼，它们又是不妥协的对手，一旦相遇，必定要有一场生死搏斗。

在过去的报刊上，有过不少这方面的报道。大王乌贼一旦揪住鲸鱼，决不肯轻易放开，直到落入鲸腹才肯罢休。被人们捕到的鲸鱼，常常皮上有大王乌贼吸盘的伤痕。有的鲸剖膛之后，肚皮里还有不少大王乌贼的残体。

油轮"东方曙光"号有幸在海上见到了这种惊心动魄的场面。一天下午，"东方曙光"号航行在大西洋上，突然海面上巨浪滔天，一条大王乌贼正跟一头巨鲸搏斗，大王乌贼的长长触手抱住巨鲸死死不放。这条巨鲸的头有 130 升酒桶大小，被弯弯曲曲的触手编织成的网牢牢网住不放。鲸鱼也不示弱，死死咬住乌贼尾部不放。

这一武斗的场面气势磅礴，搏斗者的周围有无数只鲨鱼观战，它们如同陪伴狮子的豺狼，在等待着与胜利者分享盛宴。后来鲨鱼等得不耐烦了，也动起手来，帮助鲸鱼，把大王乌贼咬死了。

有人认为，大王乌贼和鲸鱼的搏杀，往往是大王乌贼挑起来的。为什么呢？因为大王乌贼游泳速度快，时速可达 39 千米，而鲸鱼游速只有 18 千米/时。如果大王乌贼不想斗，它完全可以逃离现场。

有没有大王乌贼把鲸鱼打败的呢？有的，有船员在海上亲眼看到过这种情况，原因是大王乌贼抱住鲸鱼时，它巧妙地把鲸鱼的呼吸嘴和鼻孔，统统绕住堵死了，使鲸喘不过气来，很快就被闷死了。

1873 年夏天一日，加拿大纽芬兰岛上的 3 个渔民出海去捕鲱鱼，他们突然发现海面上有个灰蒙蒙的庞然怪物。出于好奇，他们把小船划了过去，一个渔民用船篙敲打那灰东西，不料那个庞然大物立即轰然一声喷出水花，一个巨大的脑袋抬了起来，一双盘子一样大的眼睛盯着 3 个渔民，它那几只长长的像蛇一样的触手伸展开来，露出了一个鹦鹉状的大嘴，咔嚓一声，小船的船帮被它狠狠咬住了，与此同时，两只又白又长的触手抽打过来，把小船紧紧缠住，慢慢地往水下拖。这时，船上的两个渔民都吓得瘫痪了。可是一个 12 岁的小渔民却非常勇敢和镇静，他叫皮克托，抄起一把利斧，使劲砍了下去，两只碗粗的触手被他砍断了。受伤的庞大怪物向空中喷出一股墨汁状污水，然后就逃走了。

被小渔民砍断的触手，还在七躬八趄地扭动，渔民们从恐怖中惊醒了，发疯似的把小船向岸边划。

这是什么妖怪呢？皮克托说不清，他去找岛上的牧师海威。牧师看到皮克托带来的礼物，高兴得合不拢嘴，欣喜若狂地把皮克托抱了起来。他知道，这是一个很难找到的标本，7米左右长的长圆形触手上布满了吸盘。牧师是一位见识很广的博物学家，他告诉皮克托，他们遇到的怪物，不是什么妖精，而是一只大王乌贼巨兽。从此，这位牧师产生一个强烈兴趣，他要收集大王乌贼这种海兽标本。

到了19世纪70年代，牧师的理想开始实现，纽芬兰岛上的渔民，几次捕到了大王乌贼。每次牧师海威都花钱把它买下，做成标本。其中有一只几乎很完整，是被渔民的大网捕住的，在网里弄死的，海威牧师把它泡在盐水里，还照了相。牧师海威感到自己知识有限，要揭开大王乌贼王国之谜很困难。但他有位朋友，是当时世界上著名的生物学家，又是大学教授，有条件去研究这个专题。因此，海威就把标本送给了生物学家。从此，人类开始对大王乌贼进行了系统研究。

时间匆匆过去了，对大王乌贼研究进展不大，主要原因是大王乌贼的行踪不定，很难捕捉，首先对大王乌贼到底有多大都无法搞清。有人曾从抹香鲸胃中取出一只大王乌贼，从触角顶端到身体尾部，足有65英尺（1英尺约合0.3048米）长。后来在新西兰也曾发现一只大王乌贼，总长约57英尺。世界生物学界争论多年，说最大不超过30吨，长度70英尺，但这是推算出来的，实际谁也没有见过。

100多年来，科学家为了捕捉大王乌贼费尽了心机，做了许多尝试。他们曾在新西兰附近海中设置了一个很大的猎捕陷阱，但等了好几年也一无所获。著名的海洋学家阿尔文曾建议用潜艇来寻找大王乌贼，这个计划也失败了。纽芬兰一位大学教授阿尔德雷斯，他也是当今世界上最热心捕捉大王乌贼的学者，他预言20世纪90年代纽芬兰附近海面将再次出现大王乌贼集会高潮，他说这种周期有规律性，时间是30年。他现在已经收集到14个大王乌贼的标本，他计划要捉一个最大标本，为此他制作了一个特大鱼钩，并涂上红色，因为当地渔民说，红色对乌贼有吸引力。这个大鱼钩，据说有 300 多千克。但事实证明这位教授预测的是错误的，20 世纪 90 年代过完了，这种周期性的大王乌贼高潮并没有出现。

20 世纪 90 年代初，美国有个电影小组，要拍一部大王乌贼动物纪录片。他们听说靠近南美大陆海洋里，一些大王乌贼经常钻到渔民的网里，重达 300 磅，长有 10 英尺左右。这个电影小组就赶到这里。他们精心制作了一个防鲨鱼的铁丝笼子，准备让摄影师蹲在笼子里，在水下拍大王乌贼活动情况。他们这一行动正要展开时，被几位海洋生物学家制止了。什么原因呢？科学家们说，大王乌贼不是鲨鱼，它们有长长的触手，可以轻而易举地伸进笼子里的每个角落，威胁着摄影师的安全。这个摄影组一听，吓了一跳，只好取消这个行动计划了。

最近几年，又有科学家提出追捕大王乌贼的方案，他们利用大王乌贼的死对头抹香鲸的踪迹来寻找大王乌贼。大西洋的亚速尔群岛海域，可能是大王乌贼集中活动的海域。他们计划在这一带抹香鲸洄游路线上，设置若干个游标，游标上设置灯光或诱惑物，以及定时的抛饵装置，以吸引大王乌贼，而大王乌贼行迹又可能招来抹香鲸的靠近，浮标上还装有摄影机，它可以把大王乌贼和抹香鲸这两个自然界巨兽的格斗的场面记录下来。如果这一实验成功，人们对大王乌贼和抹香鲸的研究将会有新的突破。这两个海中的巨兽的庐山真面目就一清二楚了。

鱼群的神秘杀手——隐形毒藻

1985～1987 年，在美国北卡罗来纳州海岸，一连几次发生了怪事。那里的鱼群上午还自由自在追逐、嬉戏、觅食，一派欢乐祥和景象，完全是鱼群生活的天堂。可是，到了下午，突然间水中毒素弥漫，鱼群失衡，痛苦挣扎，一条条肚皮朝天向海面翻滚，再过一会，鱼身上的皮肉破碎脱落。上午鱼儿的天堂，下午转眼变成了鱼儿恐怖和悲惨的地狱了。

这到底是谁制造了这场悲剧，谁是鱼类天堂里的凶恶杀手呢？渔民们焦急，美国海洋生物学家也焦急。开始以为是海洋水被化学毒物污染了，可是科学家们经过检查巡视，没有一家工厂把毒物排到海里，而且海水中

也化验不出人工排入的毒素。一次次取样化验都很正常。那么这大批鱼群为什么神秘死亡呢？谜团始终无法解开。

2 年之后，美国北卡罗来纳大学一个研究小组，他们在鱼群死亡的海域，在显微镜下发现了一种奇异的海藻。这种微型小海藻体积很小，肉眼难见，只有在显微镜下才能见到它的尊容。它呈孢子状，每个细胞都包裹在一种表面长鬃毛、带鳞片的坚固外壳里。它的身上有 2 条鞭毛状的桨，一条用来向前划动，另一条可使身体原地转动，它在水中呈螺旋式运动。

这种微型海藻平时极其温柔，静静待在海底，处于安详的睡眠状态之中。一旦附近出现鱼群，就像磁感应一样，立即就会从睡梦中惊醒，迅速从孢囊的硬壳里脱颖而出，用身上的鞭毛桨，快速向鱼群划去。这种奇异的海藻，有惊人的繁殖能力，成几何级的"爆炸性"繁殖，一分为二，二分为四，四分为八，八分为十六……一个单细胞的海藻，霎时能变成上百成千个海藻，很快一片海域就会铺天盖地被它们占领。它们呼啸着向鱼群冲去，它们没有利齿，也没有其他武器，唯一的进攻性武器是从身上施放出一种极强的神经性毒素。毒素侵入鱼的皮肉，立即便会破碎脱落，鱼好像被炸弹击中一样。这些神秘海藻就是食取漂浮在水中鱼肉里的营养素，吸吮功能极强，而且一边吸营养，一边继续繁殖。饱餐之后，这些奇异海藻甩掉身上的鞭毛桨，呈水珠状沉入海底，并分泌出一层坚固的外壳。它们在硬壳里悄悄地进入了梦乡，直至身边出现新的鱼群。

科学家发现这种神秘杀手后，都感到万分惊讶，这是一个新的发现、新的课题，它身上有许多谜，直到今日也没有破解。但有一点是肯定的，沿海大批鱼群死去，杀手就是它。

发现这种隐形鱼类的杀手是一大功劳，但是如何对付它、消灭它、利用它则更重要，遗憾的是至今没有解决办法。

那么这种微型毒藻到底有哪些问题没有攻破呢？北卡罗来纳大学研究员约翰·贝克豪迪说："这是一种单细胞海藻的一种完全没有见过的生活方式，如果不是亲眼所见难以置信。"学者们到底该把它当成动物还是植物类都争论不休，拿不出明显的界线。科学家们经过比较发现，这种海藻具有同其他海藻同样的光合作用的能力，因此可以算作植物；但它同时又具备

与其他水生植物完全不同的行为，如用鞭型尾部游动，这完全可以看作是动物。此外，其他海藻释放毒素唯一的目的是自我保护，而这种海藻已经懂得利用毒素来杀害猎物，满足自己生存的需要。因此科学家们争论最后倾向，这种海藻是属于"半植物半动物类型"。

第二个谜，是这种海藻的起源没有弄清。有些科学家认为它是近年来工业污染海洋的产物，乱七八糟有毒物质排入大海，严重污染了海水，使有害生物有了繁殖的温床和滋生地。但多数科学家有不同看法，第一，鱼群大量死亡的海域，是海水质量比较好的，而一些污染较重的海岸水域，反而没有发现这种鱼群突然死亡的现象。再说，它们为什么要等鱼群到来时，突然施放毒素呢？为什么毒素不伤害别的海生贝类动物、鸟类、人类呢？如果是海水中污染物质而造成毒海藻的原因，又怎么解释在它们发起攻击时才大量爆炸性繁殖呢？找不到它的起因，就找不出控制它的办法。

这种海藻就好像"微型的水雷"，平时潜伏在海底，一旦接到某种信号，就会群起而攻之。这种信号到底是什么东西呢？看来隐藏在坚固的孢囊中的海藻，能对鱼类分泌出的某种物质产生反应，这种物质又是什么东西呢？

研究人员进行过多次实验，把这种海藻放到养鱼池里，的确发现海藻破囊而出。但始终弄不清鱼类身上发出的信息，是气味还是声波？海藻身上的接收和传导信息的机理也没有找到根据，至今还是一部没有破译的"天书"。

第三个谜是，这些奇异海藻它们大量毒死鱼类后，只有少量鱼自己享用，多数留给其他生物。它们发起攻击速度惊人，但胜利班师还朝的速度同样也惊人。这到底是什么原因呢？至今谜底也未能解开。

但科学家已经拿到了依据，这种毒藻可以在各种水域中生存。地中海、大西洋的欧洲沿岸也发现过大批鱼群突然死亡的现象。因此科学家提醒人们，这种"绿色强盗"有可能在全球海洋中作案，只有尽快找到制服这种毒藻的办法，才能保护鱼群免遭灭顶之灾。不然的话，鱼类天堂也有可能变成地狱！

五彩缤纷的观赏鱼类

只要你到过海洋博物馆，或者你曾潜入热带珊瑚礁的海底，你就会被那五光十色的鱼群所吸引。那一幅幅绚丽多彩、栩栩如生的画面真使人目不暇接，尤其是海洋中的观赏鱼类，它们的自然色彩要比画家的颜料配色多得多，鲜艳得多。生物学家说，世界上的鱼类的色彩远比昆虫和鸟类的色彩更为迷人，这恐怕不无道理。

鱼类的美丽动人，都是在它富有生命活力的时候，一旦死去，那鲜艳夺目的色彩很快就会消退。只有个别在临死前挣扎时要放异彩。古罗马的贵族宴会，曾用一种羊鱼作为桌上装饰品，请贵宾们欣赏羊鱼临死前所变换的各种色彩。海洋中的观赏鱼类有上千种，尽管色彩各有千秋，但这些色彩的用途，基本上分成 4 类：保护色、拟态色、警戒色、种内联系的信号色。

世界上最有文化内涵的观赏鱼——金鱼

金鱼和鲫鱼同属于一个物种，金鱼也称"金鲫鱼"，是由鲫鱼演化而成的观赏鱼类。金鱼的品种很多，颜色有红、橙、紫、蓝、墨、银白、五花等，分为文种、龙种、蛋种 3 类。

皇冠金鱼起源于我国，12 世纪已开始金鱼家化的遗传研究，经过长时间培育，品种不断优化，现在世界各国的金鱼都是直接或间接由我国引种的。

在人类文明史上，中国金鱼已陪伴着人类生活了十几个世纪，是世界观赏鱼史上最早的品种。在一代代金鱼养殖者的努力下，中国金鱼至今仍向世人演绎着动静之间美的传奇。作为世界上最有文化内涵的观赏鱼，它在国人心中很早就奠定了其国鱼之尊贵身份。

金　鱼

金鱼易于饲养，形态优美的金鱼能美化环境，很受人们的喜爱，是我国特有的观赏鱼，属于盆养及池养的观赏鲤科鱼类。原产于东亚，但已移殖许多其他地区。近似鲤鱼但无口须。在中国，至少早在宋朝（960～1279年）即已家养。野生状态下，体绿褐或灰色，然而现存在着各种各样的变异，可以出现黑色、花色、金色、白色、银白色以及三尾、龙睛或无背鳍等变异。几个世纪的选择和培育这样不正常的个体，已经产生了125个以上的金鱼品种。包括常见的具三叶拂尾的纱翅、戴绒帽的狮子头以及眼睛突出且向上的望天。杂食性，以植物及小动物为食。在饲养下也吃小型甲壳动物，并可用剁碎的蚊类幼虫、谷类和其他食物作为补充饲料。春夏进行产卵，进入这一季节，体色开始变得鲜艳，雌鱼腹部膨大，雄鱼鳃盖、背部及胸鳍上可出现针头大小的追星。卵附于水生植物上，孵化约需1周。观赏的金鱼已知可活25年之久，然而平均寿命要短得多。在美国东部很多地区，由公园及花园饲养池中逃逸的金鱼，已经野化了。野生后复原了本来颜色，并能由饲养在盆中的5～10厘米长到30厘米。

金鱼是我国人民乐于饲养的观赏鱼类。它身姿奇异，色彩绚丽，可以说是一种天然的活的艺术品，因而为人们所喜爱。根据史料的记载和近代科学实验的资料，科学家已经查明，金鱼起源于我国普通食用的野生鲫鱼。它先由银灰色的野生鲫鱼变为红黄色的金鲫鱼，然后再经过不同时期的家养，由红黄色金鲫鱼逐渐变成为各个不同品种的金鱼。作为观赏鱼，远在

中国的晋朝时代（265～420年）已有红色鲫鱼的记录出现。在唐代的"放生池"里，开始出现红黄色鲫鱼，宋代开始出现金黄色鲫鱼，人们开始用池子养金鱼，金鱼的颜色出现白花和花斑两种。到明代金鱼搬进鱼盆。在动物分类学上是属于脊椎动物门、有头亚门、有颌部、鱼纲、真口亚纲、鲤形目、鲤科、鲤亚科、鲫属的硬骨鱼类。金鱼和鲫鱼同属于一个物种。

鱼类和人类的关系甚为密切，早在石器时代，人们就捕捉鱼类作为食物。在距今3200多年前，中国已有了养鱼的记录（根据殷墟出土甲骨卜辞），由于长期的捕鱼、养鱼，同鱼类接触的机会颇多，这也就是对鱼类的观察机会非常之多，了解也多，所以很容易发现在野生鱼类中发生变异的种类，尤其是变为金色或红色的种类更易引起人们的关注。当时人们把金色或红色的鱼类统称为"金鱼"。

对于皇冠金鱼，我国明代伟大的本草学家李时珍在他的《本草纲目》中写有："金点有鲤鲫鳅数种，鳅尤难得，独金鲫耐久，前古罕知"……称为"金鱼"的鱼原有4种，"金鲫"即颜色变为黄、红的鲫鱼，以后由于单独培育金鲫，变化越来越大，所以，"金鱼"这一名称只代表由金鲫培育出来的各变异品种，即现今的金鱼。

金鱼的故乡是在浙江的嘉兴和杭州两地。根据日本学者松井佳的研究，中国金鱼传至日本的最早记录是1502年。金鱼传到英国是在17世纪末叶，到18世纪中叶，双尾金鱼已传遍欧洲各国，传到美国是在1874年。

金鱼的外部形态，与鲫鱼有极大的不同，几乎没有一个单一性状没有发生变异。其体态变异包括体色、体形、鳞片数目、鳞片形态、背鳍、胸鳍、腹鳍、臀鳍、尾鳍、头形、眼睛、鳃盖、鼻隔膜等变异。这里主要举出体色变异、头形的变异和眼睛的变异。

金鱼的种种颜色，主要是由于真皮层中许多有色素皮肤细胞枣色素细胞所产生。金鱼的颜色成分只有3种：黑色色素细胞、橙黄色色素细胞和淡蓝色的反光组织。所有的这些成分都存在于野生鲫鱼中。家养金鱼鲜艳多变的体色，这只不过是这3种成分的重新组合分布，强度、密度的变化，或消失了其中1个、2个或3个成分而形成的。

有些同种鱼类的不同个体间具有不同的色彩。有些鱼类同一个体的一色，在一定的范围内随着背景的改变而发生变化。这是鱼类对生存环境的特殊适应。这种变化，随着物种的不同，变色的能力、速度会有所不同。

会变色的鱼类特别多，金鱼是其中一种，变色主要受神经系统和内分泌系统控制，大多数对颜色的感应主要依靠头部神经系统。主要原因是为了适应环境色彩，同时还有其他因素。比如在受电光照射后，就会把一定的颜色和斑纹显示出来。当鱼受伤、生病或水中缺氧、水质变差时，鱼的体色会变暗，失去光泽。

金鱼虽是一种经人类完全驯化的杂食性鱼类，但是，它和鲫鱼等其他鱼类一样，饲料是否选择合理、投喂是否正确可直接影响金鱼的生长发育、色彩深浅和鲜艳程度、特征的显现、丰满与否以及产卵数量、孵化率和金鱼的抗病力。所以，在金鱼的饲料中，必须具有营养丰富的蛋白质、脂肪、碳水化合物、各种维生素、一定量的无机盐类及微量元素等。例如，在其他条件完全相同情况下，凡是能每天喂足新鲜而活的红虫者，则鱼体生长发育特大，尤其是狮子头、水泡等特征（指肉瘤和水泡）更为发达，这也许就是红虫中含有大量的动物性蛋白质、脂肪、碳水化合物等丰富营养物的缘故。

海洋天使——雀鲷和真鲷

雀鲷是个庞大的家族，它们都穿着华丽的外衣，闪闪地发射不同色彩的光环，使海洋增加梦幻的色彩。因此，人们把这类鱼称为海洋天使。

雀鲷家族的斑马天使鱼，浑身由黑黄白的条纹组成的图案，使人想起非洲原野上的斑马。蓝环纹天使鱼在墨绿底子上，绣出湖蓝色的条纹，那尾鳍却又像瓷釉一样由绿变白。全蓝天使鱼穿着金黄色的上衣、下身却是蓝色的袍子。柯蓝天使鱼、皇后天使鱼、黄面天使鱼等，都各自打扮得妖妖娆娆。

这些海洋中的美丽天使，平时喜欢独个儿寻食、游泳，在珊瑚礁里占有自己的领海，而且个性十分敏感，如果同类侵入自己的领海，就会威风凛凛发起脾气，那身上自我炫耀的颜色也比平时更艳丽，好像对入侵者说：

"你这丑八怪，比不上我漂亮，快躲开去吧！"如果入侵者不听它那一套，还要待在那里，那么一场恶斗立即就会发生。只有在交配季节，它们对异性才显得比较温和。它们产卵在岩石缝里，严密守卫着，直到小鱼出世。

真鲷，有地方名叫加吉鱼。它形体优美，色彩艳丽。在鲜红的身体上散缀着许多闪闪发光的翠蓝色斑点，宛如镶嵌在体表上的一些蓝宝石，红蓝相映，分外妖娆。它肉

雀 鲷

质细嫩，味道鲜美，是海产鱼类中的上品，人们乐于用它做喜庆宴席上的佳肴，有"增加吉利，年年有余"的寓意，故俗称"加吉鱼"。在海边垂钓的人，要是钓上一条真鲷，就会高兴地认为是吉利的征兆。

自古以来，真鲷一直被人们视为海珍品。在山东一些名菜馆有"一鱼两吃"的习惯，将整条真鲷鱼上席后，取下鱼头再做一道汤，味道鲜美，且能解酒。因为民谚有"加吉头，鲅鱼尾，刀鱼肚子，鳍鳍嘴"。

真鲷是近代海洋鱼类养殖中一个珍贵的品种，我国南北沿海均有分布。北方称"加吉鱼"，江浙一带称为"铜盆鱼"，福建叫"加力鱼"，广东称"它立鱼"。

真 鲷

真鲷是暖温性底层鱼类，喜栖息在沙砾、沙泥等底质粗糙的海区和贝类丛生的地方。真鲷是肉食性鱼类，主要以虾、贝、蟹等为食。它生活最适合的温度是20℃左右；当水温降到12℃以下时，它就停止进食，进入冬

眠状态。每逢春季繁殖季节，便成双游向近岸浅水区产卵，最大的个体重达 8 千克以上。

带刺的"美人"——刺鲀

有位潜水员在西沙作业时，在珊瑚礁的一个岩洞里，发现一条色彩非常漂亮的鱼，他马上想要带回去这条美丽天使。这位潜水员，一只手捂住岩洞口，另一只手小心地伸进岩洞去抓那条美丽天使。可是他万万没有想到，这条鱼刚才还鳞片顺溜溜光滑滑，五彩缤纷，一瞬间，却鱼肚子鼓得像只气球，鳞片变成锋利的刺，像刺猬一般。潜水员使劲用手一捏，痛得他惊叫起来，那些铁硬锋利的刺，扎进了他的手掌。他只好死不松手，赶紧要求出水。鱼是被他捉住了，但他也付出了沉重代价，那鱼身上的鳞刺是有毒的，他整整发烧 3 天才好！后来有人告诉他，这条捉住的彩色鱼，就是带刺的"美人"。

刺鲀就是靠这种刺猬的把戏，把海中的鲨鱼制服。鲨鱼一旦把它吞进肚里，刺鲀肚皮急速膨胀起来，突然变成一只刺猬，那些覆盖着的骨刺，都一根根竖了起来。鲨鱼不得不从肚里痛苦地将它吐出来。因此许多凶猛的大鱼，当它们看到刺鲀，尽管垂涎三尺，但也不敢张口咬它，只能扫兴地悻悻摇尾避开。

刺鲀主要生活在热带海洋浅海里，我国南海常见。刺鲀肝、血、生殖腺有毒，不能食用。但它色彩很迷人，是水族馆里十分逗人喜爱的鱼类，观赏价值很高。偶尔在外界的刺激下，美丽的身体，瞬间会把刺张开，像只刺猬。

早在唐代开元年间，《草木拾遗》一书中就有记载，当时把刺鲀叫"鱼虎"，说它"生南海，头如虎背，皮如猬有刺着人如蚊咬"。

刺　鲀

大约看到它那斑斓的花纹，想象中认为有的还可以"变成虎"。后来，人们看到它浑身的刺，也曾有人认为变成豪猪。当然，这只不过是人们的幻想。

海中的蝴蝶——蝴蝶鱼

蝴蝶鱼又称奴鲷。这个家族成员都爱打扮。很多成员在尾的前部生着一个黑色斑点，恰恰和头部的眼睛遥遥相对应，而眼睛又隐藏在另 1 个黑斑里。如果粗心一点，你定会把尾巴当头哩！实际上，这种蝴蝶鱼平时在海中游泳，总是倒游，以尾巴向前游动，这是它的一种保护性反应。它在以尾向前游动时，敌害误认为尾是头就扑过来，此时它便以真正的头部飞快游走，使敌人扑空，而自己得以逃生。有的背鳍上生有保护性的刺，被称为"旗鲷"的蝴蝶鱼，它背上鳍上伸出的刺和身体差不多长，任何打算吞食它的鱼儿都会望而生畏。

蝴蝶鱼以它的美丽的色彩而著称海洋世界。一片薄薄的身体，有的是卵圆形，有的是菱形、椭圆形、长方形等，它们总是披着色彩斑斓的外衣。丝蝴蝶鱼有深黄、浅黄的鳍和闪着淡绿色绿光条的鳞甲。长吻蝴蝶鱼戴着一顶黑色帽子，淡蓝色的下巴，杏黄色的身体，张着透明的伞样的尾巴。新月蝴蝶鱼，花纹更奇丽，眼睛总隐藏在黑斑里，背上 1 道弯曲的镶着白边的条纹，这是它被称为"新月"的由来，背鳍、尾鳍、臀鳍都在橙黄色的基调上，沿着里边，整个身体圆圆的又像个橘黄的小月亮。因为这些鱼色彩跟陆上的蝴蝶家族差不多，都是活的花朵，因此人们通称它们为"蝴蝶鱼"。

蝴蝶鱼生活在热带海洋里，穿行在珊瑚礁间。有的长着扁平的齿，当它们吃珊瑚虫时，这些牙齿就像小凿子一样，连珊瑚虫的骨骼也可以敲碎；有的长着尖尖的嘴，这大大有利于寻找那些躲在岩缝中的小甲壳动物。

蝴蝶鱼口小，前位略能向前伸出。两颌齿细长、尖锐、刚毛状或刷毛状，腭骨无齿。体侧扁而高，菱形或近于卵圆形。最大的体长可超过 30 厘米，如细纹蝴蝶鱼。

蝴蝶鱼是近海暖水性小型珊瑚礁鱼类，身体侧扁适宜在珊瑚丛中来回穿梭，它们能迅速而敏捷地消逝在珊瑚枝或岩石缝隙里，适宜伸进珊瑚洞穴去捕捉无脊椎动物。

蝴蝶鱼生活在五光十色的珊瑚礁礁盘中，具有一系列适应环境的本领，其艳丽的体色可随周围环境的改变而改变。蝴蝶鱼的体表有大量色素细胞，在神经系统的控制下，可以展开或收缩，从而使体表呈现不同的色彩。

蝴蝶鱼

通常一尾蝴蝶鱼改变一次体色要几分钟，而有的仅需几秒种。据科学家估计，一个珊瑚礁可以养育 400 种鱼类。在弱肉强食的复杂海洋环境中，蝴蝶鱼的变色与伪装，目的是为了使自己的体色与周围环境相似，达到与周围物体乱真的地步，在亿万种生物的顽强竞争中，赢得了自己生存的一席之地。

蝴蝶鱼产卵于沿岸浅水水底，早期需经 2 个阶段：①羽状幼体阶段，即浮游生活阶段；②纤长幼体阶段，营底栖生活阶段。羽状幼体形态特殊，在背鳍前方有一丝状或羽状附属物是其主要特征，早期发育过程中的这一阶段，在鱼类中，蝴蝶鱼是唯一的特例。

蝴蝶鱼胸鳍发达阔展，从水面上看像一只蝴蝶。蝴蝶鱼捕食动作奇特，可跃出水面犹如海洋中的飞鱼。平时蝴蝶鱼顺水漂流，一旦有昆虫飞临，即使离水面数十厘米，也可跃出水面捕食。蝴蝶鱼雌雄辨别容易，从尾部看，雄鱼鳍膜较短，鳍条突出呈长须状，体色较深，而雌鱼有明显的不规则花纹。

蝴蝶鱼对爱情忠贞专一，大部分都成双入对，好似陆生鸳鸯，它们成双成对在珊瑚礁中游弋、戏耍，总是形影不离。当一尾进行摄食时，另一尾就在其周围警戒。

蝴蝶鱼的经济价值并不高，但它却是水族馆里的主客，是观众注目的鱼类，尤其得到孩子们格外喜爱。如果海洋水族馆里没有这种观赏鱼类，那一定会令观众失望的。

主要品种介绍：

蓝斑蝴蝶鱼——

分布于中国南海诸岛、台湾海域，及热带印度洋、太平洋。

成鱼为黄色，头部有一经眼部的黑色条带。尾柄根部有一蓝斑，体侧20多条棕色纵纹之间有一蓝色斑块。

橘尾蝴蝶鱼——

分布于中国南海西沙、东沙及南沙群岛海域、台湾海域，热带印度洋、红海。鱼体侧鳞片边缘有一棕红色线纹相连，臀部鳍条后部和尾部有月形橘红色大斑。

早在19世纪，欧洲学者在马达加斯加首次发现这种鱼，便起名为"马达加斯加蝴蝶鱼"。橘尾蝴蝶鱼是蝴蝶鱼中最小的一种，有较高的观赏价值。

主刺盖鱼——

分布于中国南海诸岛、台湾海域及太平洋、印度洋、红海。

成鱼体侧而高，呈长圆形至圆形，有数十条深黄色的纵纹，尾柄为黄色。因此又称为"条纹刺盖鱼"。

麦氏蝴蝶鱼——

分布于中国台湾海域、西太平洋等珊瑚礁区域。

鱼体侧扁，适宜在珊瑚丛中来回穿梭，它们能迅速而敏捷地消逝在珊瑚枝或岩石缝隙里。

黄尾蝶鱼——

分布于中国台湾海域、西太平洋等珊瑚礁区域。

"水中活宝石" ——锦鲤

锦鲤，是风靡当今世界的一种高档观赏鱼，有"水中活宝石"、"会游泳的艺术品"的美称。由于其容易繁殖和饲养，食性较杂，通常一般性养殖对水质要求不高，故受到人们的欢迎。

锦鲤，原产地在中亚细亚，后传到中国，在中国古代宫廷技师按照培育金鱼、锦鲫的方法筛选出来的符合大众审美观的变异品种，近代传入日本，并在日本发扬光大。许多优良品种都是日本培育出来的，也因此许多锦鲤都是用日本名称来命名

锦　鲤

的。它是日本的国鱼，被誉为"水中活宝石"和"观赏鱼之王"。锦鲤体格健美、色彩艳丽、花纹多变、泳姿雄然，具极高的观赏和饲养价值。其体长可达1～1.5米，寿命也极长，能活60～70年（相传有200岁的锦鲤），寓意吉祥，相传能为主人带来好运，是备受青睐的风水鱼和观赏宠物。

锦鲤生性温和，喜群游，易饲养，对水温适应性强。可生活于5～30℃水温环境，生长水温为21～27℃。杂食性。锦鲤个体较大，性成熟为2～3龄，于每年4～5月产卵。

锦鲤的祖先就是我们常见的食用鲤，锦鲤已有1000余年的养殖历史，其种类有100多个，锦鲤各个品种之间在体形上差别不大，主要是根据身体上的颜色不同和色斑的形状来分类的。它具有红、白、黄、蓝、紫、黑、金、银等种色彩，身上的斑块几乎没有完全相同的七彩的锦鲤。在日本文政时代（1804～1829年），新潟县中区附近的山古志村、鱼沼村等二十村乡（现在已成为小千谷市的一部分），养殖者对变异的鲤鱼进行筛选和改良，培育出了具有网状斑纹的浅黄和别光。到了天宝年间（1830年），又培育出了白底红碎花纹的红白鲤。大正六年（1917年），由广井国藏培育出了真正的（也是最原始的）红白鲤，后来经过高野浅藏和星野太郎吉的改良，红白鲤的红质和白质有了较大的提高，之后由星野友右卫门于昭和十五年（1940年）培育出友右卫门系、纹次郎系；佐藤武平于昭和二十七年（1952

年）培育出武平太系；广井介之丞于昭和十六年（1941 年）培育出弥五左卫门系。

但是，这些还都是红质很淡的原始种。现在最著名的红白锦鲤有仙助系、万藏系和大日系，分别由纲作太郎于昭和二十九年（1954 年）、川上长太郎于昭和三十五年（1960 年）、间野宝于昭和四十五年（1970 年）培育出来的。日本养殖人经过多年的培育与筛选，使锦鲤发展到了全盛时期，锦鲤成了日本的国鱼，并被作为亲善使者随着外交往来和民间交流，扩展到世界各地。每年 10～12 月，来自世界各地的锦鲤爱好者聚集日本，一为选购自己喜爱的锦鲤，二来瞻仰闻名于世的"日本锦鲤"发祥地。

锦鲤品种的划分主要依据其颜色分为若干品系。其鲤种来源分为绯鲤、革鲤和镜鲤。

锦鲤的 9 大品系，约 100 余品种。根据色彩、斑纹及鳞片的分布情况，主要分为 13 个品种类型——

（1）红白锦鲤：锦鲤的正宗，全体纯白底红斑，不夹带其他颜色，底应雪样纯白，红斑浓而均匀，边界清晰。本类型分为 20 多个品种。

（2）大正三色锦鲤：白底上有红、黑斑纹，头部具红斑而无黑斑，胸鳍上有黑色条纹。此类型可分为 10 余个品种。

（3）昭和三色锦鲤：黑底上有红、白花纹，胸鳍基部有黑斑。头部必有大型黑斑。此类型下分 10 余个品种。

大正三色与昭和三色都是红、白、黑三色组成。其区别为：①大正三色为白底上有红、黑斑；昭和三色为黑底上有红、白斑。②大正三色头部无黑斑，而昭和三色有黑斑。③大正三色的黑斑呈圆形块状而存在于体上半部；昭和三色的黑斑呈线纹或带状，存在于全身。④大正三色的胸鳍全白或有黑条纹；昭和三色胸鳍基部有圆形黑斑块。

（4）乌鲤：全体黑色或黑底上有白斑或全黄斑纹。可分为 4～5 个品种。

（5）别光：白底、红底或黄底上有黑斑的锦鲤，属于大正三色品系。细分为近 10 个品种。

（6）浅黄：背部呈浅蓝色或深蓝色，鳞片外缘呈白色，脸颊部、腹部及各鳍基部呈赤色。根据颜色分10余个品种。

（7）衣锦鲤：系红白或三色与浅黄交配所产生的品种。细分为近10个品种。

（8）变种鲤：包括乌鲤、黄鲤、茶鲤、绿鲤等20多个品种。

（9）黄金：全身清一色金黄，可分为20余品种。

（10）花纹皮光鲤：黄金锦鲤与其他类型（不含乌鲤）交配产生的品种。常见有10余品种。

（11）光写：写类锦鲤与黄金锦鲤交配产生的品种。

（12）金银鳞：全身有金色或银色鳞片的锦鲤。

（13）丹顶：头顶有圆形红斑，而鱼身无红斑。

搏击型鱼类——斗鱼

斗鱼是广义上鲈形目攀鲈亚目所有小型热带鱼的通称，狭义上指攀鲈亚目斗鱼科的小型热带鱼，亦专指暹罗斗鱼及其亚种。与其他鱼类相似，主要以鳃呼吸，但另有一种辅助呼吸器官——迷鳃，并因之得英文俗名。迷鳃位于鳃上方一腔内，满布血管，空气经口吸入腔内，斗鱼便能靠这些空气中的氧存活于低氧水中。

斗　鱼

暹罗斗鱼，野生品种是在稻田和小水潭中活跃的小鱼，有红或绿的色彩。它生活在东南亚泰国，雄鱼与同种间争斗性强，会为抢占领地、争夺雌鱼等进行激烈搏斗，有时甚至会因此导致死亡。于是，渐渐地，泰国民间利用这种小鱼进行搏斗赢得乐趣和金钱的活动日益盛行，并从野外捕捉，

到简单饲养逐渐转向有目的的繁殖与改良，以提高斗鱼个体的战斗力。时间流转，在漫长的培育与改良的过程中，形成了不同品系的变种，一个支系形成用于打斗的搏击型斗鱼，而另一个支系则向提高观赏性发展，最终形成了展示级斗鱼，使这种小鱼散发出了独特的魅力。今日，斗鱼早已脱离原生姿态，成为常见观赏鱼类，展现出多样的色系与尾型，受到玩家青睐，展示级斗鱼的竞赛逐渐也形成，与此相关的斗鱼协会在美国、日本、德国及东南亚等地纷纷成立，观赏性斗鱼已经成为国际鱼友的新宠。

叉尾斗鱼又名中国斗鱼、天堂鱼、菩萨鱼、花手巾，属攀鲈科，原产于中国南部。叉尾斗鱼体呈长圆形，稍侧扁，尾鳍深分叉，体长可达 8 厘米。体色呈红、蓝、绿三色，体侧有 11 条蓝色和红色横向条纹，头部有黑色条纹，鳃盖后边缘有一绿色斑块，眼眶为金黄色。叉尾斗鱼颜色协调、艳丽，深受热带鱼爱好者的喜爱。这种鱼十分易于饲养。适宜水温为20～25℃。它也是最耐寒的热带鱼之一，可以忍受4℃的低温，在14℃以上的水体中就可以很好地生长。对水质不苛求，喜食孑孓，和泰国斗鱼一样长有褶鳃，可直接从空气中吸取氧气。一般雄鱼体色艳丽些，延长的鳍条较长。雌鱼产卵极多，多者可达 1000 粒左右。叉尾斗鱼好斗，不仅互斗，还厮咬其他品种的热带鱼，适宜于单独饲养。

斗鱼在生殖时期，雄鱼体色非常艳丽，并有一套求婚和筑巢的本领。产卵前，雄鱼先选择一处水面平静避风的地方，由口吸空气和吐黏液形成小泡，无数小泡黏附在一起，形成一个表面隆起或略平扁的浮巢。

当巢筑成后，雄鱼开始向雌鱼求婚，美丽的雄鱼在雌鱼的周围不停地游来游去，尽量把美丽的鳍舒展开，口也张得很大，鳃膜凸出，可以看到鳃膜内鲜红色的鳃。在求爱过程，雄鱼身体颜色变得特别鲜明，身体和各鳍出现虹光样的灿烂。雄鱼由于极度兴奋而颤抖。如果雌鱼对雄鱼的求爱表现无所反应，雄鱼就会恼羞成怒，追逐雌鱼一直到它被迫跳出水面脱逃为止。在经过复杂的求爱动作后，雌鱼接受了雄鱼的求爱，接近雄鱼，接着突然横卧身体，雄鱼随即紧贴着雌鱼，并把雌鱼的身体倒转过来，使其腹部朝上，雄鱼贴在雌鱼的下面。此时雌雄鱼各排出卵子和精子。由于卵子比水重，在水中往下沉，此时在下面等待着的雄鱼，用口接住，并在卵上涂上一层黏液，再向上游泳，把卵粘着在浮巢下面。尽管雄斗鱼斗架时非常残忍，然而它对自己的子女却爱护备至。它除在产卵前修建气泡巢外，在鱼卵孵化时，它一刻也不休息，维修气泡巢，经常环绕气泡巢四处游动，警惕地防范着可能入侵的敌人。幼鱼能独立生活后，可以把雄斗鱼从繁殖箱中捞出喂养。一对亲鱼每次产卵200粒，受精卵在36小时左右孵化，仔鱼在孵化3天后能自由游动。

团结互助的鱼类——鹦鹉鱼

鹦鹉鱼是鲈形目鹦嘴鱼科约80种热带珊瑚礁鱼类的统称。婴鹉鱼体长而深，头圆钝，体色鲜艳，鳞大。其腭齿硬化演变为鹦鹉嘴状，用以从珊瑚礁上刮食藻类和珊瑚的软质部分，牙齿坚硬，能够在珊瑚上留下显著的啄食痕迹。并能用咽部的板状齿磨碎食物及珊瑚碎块。体长可达1.2米，重可达20千克。体色不一，同种中雌雄差异很大，成鱼和幼体鱼之间差别也很大。鹦鹉鱼可以食用，但整个类群经济价值不大。

带纹鹦鹉鱼是印度洋、太平洋地区的主要鹦鹉鱼，长46厘米，雄鱼绿、橙两色或绿、红两色，雌鱼为蓝色和黄色相间。大西洋的种类有王后鹦鹉鱼，体长约50厘米，雄性体色蓝，带有绿、红与橙色；而雌鱼呈淡红或紫色，有1条白色条纹。

鹦鹉鱼是生活在珊瑚礁中的热带鱼类。每当涨潮的时候，大大小小的鹦鹉鱼披着绿莹莹、黄灿灿的外衣，从珊瑚礁外的斜坡的深水中游到浅水礁坪和潟湖中。鹦鹉鱼有特殊的消化系统。鹦鹉鱼用它们板齿状的喙将珊瑚虫连同它们的骨骼一同啃下来，再用咽喉齿磨碎珊瑚

鹦鹉鱼

虫，然后吞入腹中。有营养的物质被消化吸收，珊瑚的碎屑被排出体外。鹦鹉鱼的咽喉齿不像牙齿一样尖利，而是演变为条石状，咽喉齿的上颌面上凸起，正好和下面的凹处相吻合。上、下颌上各生长着一行又一行的细密尖锐的小牙齿。小牙齿密密地排列形成了许多边缘锐利的板齿。每当一大群鹦鹉鱼游过，一条条珊瑚枝条的顶端就被切掉，露出斑斑白茬。

鹦鹉鱼在繁殖后代的时候，雄鱼先撒下精子。然后，雌鱼在精子的中央播撒卵子。这种繁殖方式只能使一部分卵受精。而受精卵之中只有很少的一部分能成为幸运儿。

古罗马和古希腊人特别器重这种鱼，把它当做珍品，并不是因为鹦鹉鱼长得漂亮，而是因其具有团结互助的精神。据研究这种鱼的学者发现，如果鹦鹉鱼一旦不幸碰上了针钩，在千钧一发之际，它的同伴会很快赶来帮忙。如果有鹦鹉鱼被渔网围住了别的伙伴就会用牙齿咬住其尾巴，拼命从缝隙中把它拉出来。因而，一般渔民很难抓获这种鱼。

有人说鹦鹉鱼有毒，可是有些人却说鹦鹉鱼没有毒。这到底是怎么回事呢？原来，鹦鹉鱼本身是没有毒的。只不过，鹦鹉鱼的食物中有些是有毒的。鹦鹉鱼体内有分解消化毒素的器官，所以，鹦鹉鱼不会被这些毒素伤害。但是，如果人们捕获的鹦鹉鱼体内的毒素并没有完全清除，那么鹦鹉鱼食物中的毒素就会转嫁给食用鹦鹉鱼的人类。所以，许多渔民都劝贪嘴的食客不要食用鹦鹉鱼。

鹦鹉鱼会织睡衣，它们织睡衣的方式像蚕吐丝做茧似的，从嘴里吐出白色的丝，利用它的腹鳍和尾鳍的帮助，经过一两个小时织成一个囫囵的壳，这就是其睡衣。有时它的睡衣织得太硬，早上睡醒后用嘴咬不开，便会憋死在里面。而它们的伙伴绝对不会帮它咬开睡衣，因为它们觉得它们的伙伴还正在休息，不便打扰。

攻击拟态大师——蟾鱼

在热带海洋中，在绚丽多彩的鱼群中，除蝴蝶家族、雀鲷家族之外，还有一蟾鱼家族，不但名字怪，而且它们模样也很怪，跟蛙有点相似，身体呈球形，有很发达的腿样鳍，善于爬岩石，越珊瑚礁，而且有一副令人害怕又十分华丽的外形。大概是这个原因，海洋生物学家就称它为"攻击拟态大师——蹙鱼"。

蹙鱼长得最怪的，要算它的头部，别具一格地长着一副"钓竿"，用这钓竿引诱猎物上当。它这根"钓竿"，其实是一个变形的、伸长的背鳍棘，它从蹙鱼两眼之间伸出延长。在钓竿的顶端，长着一颗小肉球似的东西，成了一种"钓饵"，而且状态各异，有的伪装成小鱼小虾，有的伪装成甲壳虫和蠕虫。

蹙鱼另一个绝招是变色。它可以变出一切想象中的色彩，使自己身体适应背景物体和其相似。它游到橙色海绵附近时，皮肤呈橙色；而游到黑色海绵附近时，马上又变黑色；游到红珊瑚附近时，又会变成红色。在蹙鱼的皮肤上，还有许多褐色小斑点和红色斑块，伪装起来、变色起来既快又逼真。它掌握了这种拟态技巧，当然不是供人欣赏的，而是为了捕捉食物的方便。

蹙鱼的第三个特点，是它在水中的运动方式非常奇特。它在捕捉食物时，有2种运动方式：①靠胸鳍支撑全身的重量；②类似于陆栖脊椎动物的行走，即通过移动四肢前进，胸鳍提供动力，而腹鳍只起使鱼稳定的作用。它也能游动，有时还能喷水前进。蹙鱼集如此众多的"特异功能"于一身，这引起了海洋生物学家的极大兴趣，希望能揭开至今人类还不明白的一些秘密。

可爱的小精灵——小丑鱼

小丑鱼是对雀鲷科海葵鱼亚科鱼类的俗称，是一种热带咸水鱼。已知有28种，一种来自棘颊雀鲷属，其余来自双锯鱼属。因为脸上都有1条或2条白色条纹，好似京剧中的丑角，所以俗称"小丑鱼"。小丑鱼与海葵有着密不可分的共生关系，因此又称海葵鱼。带毒刺的海葵保护小丑鱼，小丑鱼则吃海葵消化后的残渣，形成一种互利共生的关系。

小丑鱼在成熟的过程中有性转变的现象，在族群中雌性为优势种。在

小丑鱼

产卵期，公鱼和母鱼有护巢、护卵的领域行为。其卵的一端会有细丝固定在石块上，1个星期左右孵化，幼鱼在水层中漂浮之后，才行底栖的共生性生活。

小丑鱼喜群体生活，几十尾鱼儿组成了一个大家族，其中也分"长幼"、"尊卑"。如果有的小鱼犯了错误，就会被其他鱼儿冷落；如果有的鱼受了伤，大家会一同照顾它。可爱的小丑鱼就这样互亲互爱，自由自在地生活在一起。但是自然生活中却时时面临着危险，小丑鱼就因为那艳丽的体色，常给它惹来杀身之祸。小丑鱼最喜欢和海葵生活在一起了，虽然海葵有会分泌毒液的触手，但小丑鱼身体表面拥有特殊的体表黏液，可保护它不受海葵的影响而安全自在地生活于其间。

因为海葵的保护，使小丑鱼免受其他大鱼的攻击，同时海葵吃剩的食物也可供给小丑鱼，而小丑鱼亦可利用海葵的触手丛安心地筑巢、产卵。对海葵而言，可借着小丑鱼的自由进出，吸引其他的鱼类靠近，增加捕食的机会；小丑鱼亦可除去海葵的坏死组织及寄生虫，同时因为小丑鱼的游动可减少残屑沉淀至海葵丛中。

小丑鱼身材娇小，一遇到危险，它们就会立即躲进海葵的保护伞下。一般的珊瑚礁鱼类都有过被海葵蜇刺的经历，那些美丽的触手就是它们恐怖的回忆，看到海葵，往往避之唯恐不及，因此没多少生物会冒着生命的危险到这里来挑衅。但是，海葵的毒刺也不是天下无敌的，蝶鱼就是它们命中的克星，专门把这些软体动物当作美味的点心。每当这种时候，小丑鱼就会挺身而出，保护海葵的安全，对蝶鱼展开猛烈的攻击。虽然体形大上数倍，面对作风强悍的小丑鱼，蝶鱼还是会被打得落荒而逃。

科学研究表明，小丑鱼并不是对海葵的毒素有免疫力，避免被触手蜇刺完全归功于它们体表那一层黏液的保护。这种黏液有双重功效：①中和被海葵刺细胞刺中所注入的毒素；②抑制刺细胞的弹出。这些黏液又是如何产生的呢？关键还在于海葵。海葵成百上千的触手在一起随波逐流，难免不会彼此触碰，要是这时刺细胞"万箭齐发"岂不是会误伤友军？海葵当然有它自己的解决办法。它的身体表面会分泌一种黏液，给触手上所有的刺细胞传达了指令：自己人，不要开火。遇到这些黏液，刺细胞的发射就被抑制住了。小丑鱼正是巧妙地利用了这一点。当它们还是幼鱼的时候，会凭借嗅觉和视觉找到一个海葵来定居。开始，它们会小心翼翼地接近海葵，从那些有毒的触手上吸收海葵分泌的黏液。等到它们的全身都涂满了保护物质时，就相当于拿到了在海葵中自由出入的通行证。曾经有人做过一组实验：将一条小丑鱼麻醉了，再擦掉它身上的黏液，然后送回海葵的身边。可是海葵房东已经不认识这位可怜的房客了，会像对待其他小鱼一样将其一口吞掉；也擦掉另一条被麻醉的小丑鱼身上的黏液，但待其清醒后再送回海葵身边。这时的小丑鱼就不会径直游回家里，而是小心地围着海葵游动，轻轻触碰海葵的触手，慢慢吸取保护物质，然后才重新回到那一片"美丽的丛林"。

小丑鱼的另一个迷人之处在于它们能够自己改变性别。到目前为止，人们仍不知道这种奇特的习性是如何产生的，它们幼鱼时的性别又如何划分。小丑鱼是极具领域观念的，通常一对雌雄鱼会占据一个海葵，阻止其他同类进入。如果是一个大型海葵，它们也会允许其他一些幼鱼加入进来。在这样一个大家庭里，体格最强壮的是雌鱼，她和她的配偶雄鱼占主导地位，其他的成员都是雄鱼和尚未显现特征的幼鱼。雌鱼会追逐、压迫其他的成员，让它们只能在海葵周边不重要的角落里活动。如果当家的雌鱼不见了又会怎么样呢？原来那一对儿夫妻中的雄鱼会在几星期内转变为雌鱼，完全具有雌性的生理机能，然后再花更长的时间来改变外部特征，如体形和颜色，最后完全转变为雌鱼，而其他的雄鱼中又会产生一尾最强壮的成为她的配偶。

小丑鱼是珊瑚礁中可爱的小精灵，它们有如此的美丽的色彩，且性情温和，健壮活泼易饲养，几乎所有饲养海水观赏鱼的人都会优先选择它作

为入门的品种，还有它那与海葵共生的奇特习性，更令所有的观赏者啧啧称赞。

千姿百态的鱼类——孔雀鱼

孔雀鱼原产于南美洲的委内瑞拉、圭亚那、西印度群岛、巴西北部等地，作为观赏用鱼引入新加坡、中国台湾和内地，现已繁衍分布于部分热带地区的河川下游及湖沼、沟渠中，其野生栖地呈现多样化，主要栖息于淡水流域及湖沼。孔雀鱼的繁殖能力很强，并能耐受污染的水域，具群集性。目前基本上分成几种基本品系：礼服马赛克、草尾、剑尾、金属、蛇王。孔雀鱼为杂食性小型鱼种，由于孔雀鱼对环境的适应能力十分强，所以目前全世界几乎随处都能见到它的芳踪。

孔雀鱼

孔雀鱼是最容易饲养的一种热带淡水鱼。它丰富的色彩、多姿的形状和旺盛的繁殖力，倍受热带淡水鱼饲养族的青睐。尤其是繁殖的后代，会有很多与其亲鱼色彩、形状不同的鱼种产生。雌、雄鱼差别明显，雄鱼的大小只有雌鱼的 1/2 左右，雄鱼体色丰富多彩，尾部形状千姿百态。

孔雀鱼又叫彩虹鱼、百万鱼、库比鱼。它体形修长，有极为美丽的尾鳍。成体雄鱼体长 3 厘米左右，体色艳基色有淡红、淡绿、淡黄、红、紫、孔雀蓝等，尾部长占体长的 2/3 左右，尾鳍上有 1～3 行排列整齐的黑色圆斑或是 1 个彩色大圆斑。尾鳍形状有圆尾、旗尾、三角尾、火炬尾、琴尾、齿尾、燕尾、裙尾、上剑尾、下剑尾等。成体雌鱼体长可达 5～6 厘米，尾部长占体长的 1/2 以上，体色较雄鱼单调，尾鳍呈鲜艳的蓝、黄、淡绿、淡蓝色，散布着大小不等的黑色斑点。这种鱼的尾鳍很有特色，游动时似小扇扇动。

孔雀鱼适应性很强，最适宜生长温度为 22～24℃，喜微碱性水质，食性广，性情温和，活泼好动，能和其他热带鱼混养。孔雀鱼易养，但要获得体色艳丽、体形优美的鱼则从鱼苗期就需要宽大的水体，较多的水草，鲜活的饵料，适宜的水质等环境。孔雀鱼 4～5 月龄性腺发育成熟，但是繁殖能力很弱，在水温 24℃、硬度 8 度左右的水中，每月能繁殖 1 次，每次产鱼苗数视鱼体大小而异，少则 10 余尾，多则 70～80 尾。当雌鱼腹部膨大鼓出，近肛门处出现 1 块明显的黑色胎斑时，是临产的征兆。

孔雀鱼由于周期性的生产力，使得它赢得百万鱼的封号。早期的孔雀鱼以东南亚进口及国内南部生产为主，两者的共通特性是对水的硬度要求很高，且都是采室外培育的方式，因此充分受到阳光的洗礼，所以色泽显得特别灿烂。起初孔雀鱼虽为各界所接受，但落得和其他鱼种混养及廉价易阵亡的悲惨印象，因此国内观赏鱼的发展虽有数十年的历史，而孔雀鱼却得数十年如一日，毫无进展可言。这期间虽然有数波推展孔雀鱼的动作，但始终因天时地利种种条件不配合而无疾而终。孔雀鱼往往是初学入门者第一次饲养的鱼种，却也常常是养鱼数十年者重拾的鱼种，此现象正巧说明了孔雀鱼易懂难精的特性，无怪乎能让人如此着迷，愿意摒弃所有的鱼种只留孔雀鱼。

体型硕大的观赏鱼——花罗汉

花罗汉因其头形如罗汉突出，所以获得花罗汉封号。有着硕大体型及力与美气魄的它们，在欧美是相当受欢迎的品种。而东南亚地区，花罗汉也因其喜气洋洋的体色及吉祥名称而日渐受到人们的青睐。

花罗汉体型硕大，不同品种体型略有差异。其最大体长可达 42 厘米，高 18 厘米，厚可达 10 厘米。一般体型在 30 余厘米左右，可谓庞然大物。相信其在体型方面不会让爱好大型鱼的朋友们失望的。尤其是其头上的巨大额头，宛如寿星，十分独特。

花罗汉的不同品种：

古典美人——

此鱼全身透红，活脱脱是一只沐浴火中的神鸟，故有此名。古典美人身上梅花记号，是所有新鱼种中最特殊者，尾部至鳍部除了呈连密一字线，还会扩展至头瘤外，以此作为转弯点，分 5 朵漂散印在鱼背上。背鳍弯

花罗汉

有形，尾部半圆状，身上有闪亮的小星点分布争艳。

蓝月星——

每一个日落的晚上，是此鱼最闪亮的时刻，它带着一身虚渺的蓝色外色，尽显掠食者晚间的表态。此品种鱼除了散落不齐特记梅花斑外，眼圈那火红色，堪称与红宝石争亮双齐。蓝月星以一身蓝彩得以成为所有带红品种中，既特殊且养眼的观赏鱼。一般以头有肉瘤为正品，嘴似樱桃，背鳍平直而出，身上所有梅花均如棉花白布包裹。

五光十色——

此鱼看似普通，可是身披满体的闪亮蓝点，活脱是水底猎豹，无巧不成书，它的确是所有种类中泳速最快者，配上金睛火眼，成为披着皇衣的太子。星花满布梅花朵朵条理分明地呈一线排列示众，特点是背鳍、面线额与肉瘤均布有小星点，除了面部以外。

意气扬扬——

此鱼以一身近似铁甲的粗鳞片占一席位。基本上整体必须予人粗犷感觉才属正品。除了拥有惯例红眼圈，其特殊点是所有鳍位均硬邦邦，一条条矗立。身上共有 7 朵梅花，分开以大小不一展现，另外身体由上往下有条纵带，有小肉瘤。

心花怒放——

这鱼是整个花罗汉组合中，拥有最丰富体色鱼只。典型的红眼，金黄

色的面部。鱼体则腹部有红也有蓝，鱼鳞星光熠熠。全体共有 8 粒花标志。当第一次接触它时，绝少不了心花怒放的感觉。

七间虎皇——

这鱼底色暗红，似乎一无是处。可是细心观赏，将会发觉其面部金黄一片，身上也有满布的大蓝星点。养在缸中在晚间时，就像水世界与宇宙融为一体，闪闪生光。配合身上 9 条纵带，有意想不到的层层惊喜。

红美人——

它也可称呼为美人红，是所有花罗汉中红得最美的。简单的 2 双梅花斑，身上蓝点分布有理。配合尾端弯月蓝，便令人有心平气和的安宁感觉。它是花罗汉中最热情者，当饲养 3 天后，发觉辛苦工作一天归来后，它正不断上下游动，热心表示欢迎。

七星伴月——

属于晚间的美人，身上披着若隐若现的纵带，分有 7 粒大小平均的梅花。生性较羞怯，底色带点花蓝。鳍盖到泳鳞有片红彩。因为整体色彩平均分布，具有很大的收藏价值。

五月花——

这鱼与其他花罗汉所表达的体色比较，有很大的玩味感。所有花罗汉都体色明艳照人，唯独这美人是例外，体色的表现不愠不火，点到即止，红黄俱浅，梅花标志共 6 粒，分布距离很宽阔，也整齐地排列。所有色彩像披一层粉彩，故又称粉鱼。

鳞光闪闪的鱼类——龙鱼

龙鱼，是一种大型的淡水鱼。早在远古石炭纪时就已经存在。该鱼的发现始于 1829 年，在南美亚马孙河流域，当时是由美国鱼类学家温戴利博士为其定名的。1933 年法国鱼类学家卑鲁告蓝博士在越南西贡又发现红色龙鱼。1966 年，法国鱼类学家布蓝和多巴顿在金边又发现了龙鱼的另外一个品种。之后又有一些国家的专家学者相继在越南，马来西亚半岛，印尼的苏门答腊、班加岛、比婆罗洲和泰国发现了另外一些龙鱼品种，于是就

把龙鱼分成金龙鱼、橙红龙鱼、黄金龙鱼、白金龙鱼、青龙鱼、银龙鱼等。真正将其作为观赏鱼引入水族箱是始于 20 世纪 50 年代后期的美国，直至 80 年代才逐渐在世界各地风行起来。

龙　鱼

龙鱼全身闪烁着青色的光芒，圆大的鳞片受光线照射后发出粉红色的光辉，各鳍也呈现出各种色彩。不同的龙鱼有其不同的色彩。例如，东南亚的红龙幼鱼，鳞片红小，白色微红，成体时鳃盖边缘和鳃舌呈深红色，鳞片闪闪生辉；黄金龙、白金龙和青龙的鳞片边缘分别呈金黄色、白金色和青色，其中有紫红色斑块者最为名贵。这一科龙鱼的主要特征还有它的鳔为网眼状，常有鳃上器官。

龙鱼属肉食性鱼类，从幼鱼到成鱼，都必须投喂动物性饵料，以投喂活动的小鱼最佳。动物内脏，易妨害其消化系统，不可投喂。

龙鱼适应的水温介于 24～29℃，甚至可以适应 22～31℃ 的温度。不过龙鱼和其他的观赏鱼一样，忌水温急剧变化。

中国大陆称之为"龙鱼"，香港人称之为"龙吐珠"（可能是由于幼龙的卵黄囊像龙珠的缘故），台湾人称之为"银带"，日本人称之为"银船大刀"。骨咽鱼科的鱼分别产于 4 个地方：亚洲、南美洲、澳洲、非洲。主要产于印尼和马来西亚。

（1）亚洲龙鱼按纯正血统可细分为 7 种：辣椒红龙、血红龙、橙红龙、过背金龙、红尾金龙、青龙、黄尾龙。

①辣椒红龙：生长于仙塔兰姆湖以南的地方，是目前价格最高的红龙。它又有 2 种：第一种鳞片的底色是蓝的；第二种的头部则长有绿色的鱼皮。辣椒红龙的价昂是因它的稀罕及其身上所覆盖着的粗框鳞片（故其深红的

色彩）、深红色的鳃盖还有比较大的鳍和尾鳍。此鱼的幼鱼可从它较宽的身体、较大的眼睛、菱形的尾鳍、较尖和突出的头部以及红色的鳍，特别是其胸鳍，轻易地被确认出来。它大眼睛的直径通常相当于眼睛和嘴尖的距离。鳞片带有淡淡的绿和黄或橙色。不过，此鱼的色彩最快也要等一年半的时间才会显现出来，慢的话就要等上4年或者更长的时间了。

②血红龙：血红龙的原产地和辣椒红龙的恰恰相反，是在仙塔兰姆湖以北的地方。血红龙成鱼的身体主要由细框的鳞片覆盖着，鳃盖也同样是红色的。此鱼有红色的鳍，不过身体却比较细长。和辣椒红龙不同的是，血红的色彩会很快地在1年后便显现，所以甚受人们的喜爱。更何况，此鱼的售价也因其充裕的供应量而比辣椒红来得低。它幼鱼的身体比辣椒红龙幼鱼的相对地来得长，鳍和眼睛也比较小。此外，血红龙幼鱼的鳍也一样是红色的。所不同的是，它的尾鳍呈圆形，头部也不比辣椒红龙幼鱼的突，鳞片略带浅绿和粉红的色泽。

③橙红龙：产自科同加乌河和其支流。完全发育的橙红龙身体比血红龙相对地长，一般可长至90厘米。此鱼的鳃盖为橙红色，鳞片通常也只是橙色的。有些橙红龙的鳍是橙红色的，而一些劣等橙红龙的甚至是黄色的。独特的是，幼鱼的头部比较圆。橙红龙鳞片上的色彩亦因为常常远不及血红或辣椒红的亮丽而越发使人觉得它暗淡无光。除此之外，眼睛比辣椒红小的橙红龙也是三种红龙当中价钱最低的。

④过背金龙：顾名思义，这种普遍被称为马来亚骨舌鱼、马来西亚金龙、布奇美拉蓝、太平金、柔佛金等的龙鱼原产自马来西亚半岛。过背金的魅力和美丽之处在于其鳞片的亮度。和红尾金不相同，成熟的过背金全身都长了金色的鳞片。前者的只长到由腹部算起的第四排而已。不仅如此，过背金的颜色也会随着鱼龄的增加而加深，就好比从鱼身的一边跨越到另一边似的。过背金有几种不同的底色，但多以紫色为主。其他较为罕见的尚有蓝、绿、金。高价的紫底细框过背是日本人最为偏爱的品种。细框指的是鱼鳞上的紫色多于金，那金只显现在鳞片的边缘罢了。这使得鱼儿看起来就像一尾鳞片镶金以及鳃盖呈金的紫色龙鱼，既华丽又贵气，令人不禁为之侧目。7~8厘米长的幼鱼，其鳃盖可见一抹金。紧接着便是由头

部延伸到尾部那青黄色的直线。长到9～10厘米长的时候，紫色过背金的紫色色底鳞片就已经长到第四排了。最后到了适宜出口的12～15厘米长的时候，有些龙鱼的甚至已达到了第五排，最起码也有背鳍周围的部分。这般长度的6～7个月大过背金鳞片上的金色边缘已经很明显了，仅仅2周岁的鱼便已宛如闪亮耀眼的纯金块。虽然过背金与红尾金尾巴和鳍的颜色都一样，但前者的这一大特征却和价格较低的后者形成了强烈的对比。不过，有些过背金也会有颜色较浅的鳍。鉴于价昂的过背金和价格大众化的红尾金之间的相似之处，所以新手在购买时还是先征询专家的意见为宜，再不然就是向可靠的养殖者购买。

⑤红尾金龙：原产自印尼苏门答腊岛的红尾金龙，于当地的北干巴鲁河和坎葩尔河生长。其身体的上半部，包括它第五和第六排整整2列的鳞片都是很独特的黑或深褐色。因此，它鳞片上的金色色彩最多也只能达到第四排。这一点绝对有别于过背金。它和过背金还有另一个差别，就是尾鳍上端1/3的部分和背鳍都是深绿色的。至于尾鳍下端2/3的部分，则与臀鳍、腹鳍和胸鳍一样都是橙红色的。和青龙相似，一条7～8厘米长的红尾金所有的鳍都是黄色的。只有在鱼儿的主食是富含红色素的小虾时，鳍部的红色才会在它长至10～12厘米长的时候显现。到了它15～20厘米长的时候，鳞片的金边亦已形成。这种镶金边的鳞片最多会一直"攀爬"到第四排为止。然而，如果你把过背金和红尾金并排的话，你就会清楚察觉到两者之间的差异。纵使两条龙鱼都一样为15厘米长，而且色彩均已达到了第四排的鳞片，但你一样会发觉到过背金的金色到底还是比红尾金的来得深。不过有些鱼龄为5～8岁，也就是65厘米及更长的特级红尾金身上的金色色彩却会达到第五又或者甚至是第六排呢。人们一般认为红尾金更具攻击性，但却肯定比过背金来得温驯。正因如此，于一个水族箱内同时饲养8～9条的红尾金比起饲养一整缸的马来西亚金龙相对地容易。和过背金相似，这种龙鱼亦有不同的底色——蓝、金和青。

⑥青龙：在所有受到华盛顿公约保护的亚洲龙鱼品种当中，青龙的售价乃最低廉。这主要是因为野生青龙的产地遍布东南亚多个国家。鉴于它在日本极受当地高校生的喜爱，因此大多数在华盛顿公约下注册的养殖场

都有培育此鱼。既然如此，日本水族进口商，一次购买过 400～500 条的青龙幼鱼亦不足为奇。有些青龙的鳞片是半透明的，更有些是不透明的。它的侧线在其灰绿色的鳞片当中更是显眼。上好青龙的身体上部会有淡淡的蓝或紫色。成鱼的头部也较圆和较小，看起来和其他的龙鱼品种真有如天渊之别。由于青龙幼鱼的头部和身体比较成比例，故人们多认为它比成鱼更好看。

⑦黄尾龙：此龙鱼亦常常被称为黄龙鱼或者黄尾龙鱼。黄尾龙幼鱼鳍上的粉红色会随着它的成长而逐渐消失。成鱼全部的鳍都是黄色的，故得以命名。人们时常误以为此鱼是超级红和黄尾或青龙在野外交配而得，其实不然。它本身确实为一个龙鱼的品种。因为此鱼的色彩一点都不鲜艳，所以并不受到人们的喜爱。由于商业价值低，因此并没有几家养殖场在培育纯正血统的黄尾龙；反而只是常拿它来和超级红配种，以便繁殖出一号半红龙。此鱼多生长在加里曼丹北部城市，班扎尔马新附近的河流和支流。

（2）澳洲的龙鱼有 2 种：星点龙和星点斑纹龙。

①星点龙：产于澳大利亚东部，和星点斑纹龙很相似，幼鱼极为美丽，头部较小，体侧有许多红色的星状斑点，臀鳍、背鳍、尾鳍有金黄色的星点斑纹，成鱼体色为银色中带美丽的黄色，背鳍为橄榄青，腹部有银色光泽，各鳍都带有黑边，属夜行性鱼类。近年澳大利亚政府大量放养此鱼鱼苗，所以数量不会少。

②星点斑纹龙：产于澳大利亚北部及新几内亚，体形较小，口部尖，体色为黄金色中带银色，半月形鳞片，鳃盖有少许金边，尾鳍背鳍有金色斑纹。饲养容易，可人工繁殖。

（3）南美洲骨舌鱼科的鱼类主要有 3 种：银龙、黑龙、象鱼（又叫海象、巨骨舌鱼）

①银龙：主要产于巴西亚马孙河流域。1929 年被鱼类学家温戴利首先发现。在当地是一种食用鱼。1935 年引入美国。1955 年引入日本。1966 年日本神户的宫田先生在九州阿苏长阳的热带养殖场利用温泉首先人工繁殖成功。但我国市场上所见的还是由南美经过美国转口引进的，人工繁殖的极少。此鱼鳞片巨大，呈粉红的半圆形，鱼体呈现像是金属的银色，其中

含有钴蓝色、蓝色、青色等颜色混合，闪闪发亮。背鳍、臀鳍向后生长其基部很长，尾鳍短、胸鳍大。

②黑龙：形状和银龙几乎一样，成鱼为银色，但体形长大时会趋向黑色带紫和青色，有金带。极具观赏价值。幼鱼有明显的黑色体纹，胸鳍下挂着卵黄囊，所以香港人称之为黑龙吐珠。

③象鱼：产于哥伦比亚、巴西。体形巨大可长至5米长。在原产地被作为食用鱼。近年由于数量锐减，已经被当地政府禁止捕捞和贩卖，更加不让出口。武汉新世界水族公园有过一尾2米长的象鱼。体色黑，鳞片有橙红色的框。力量极大，当它的尾部扫到水族箱的玻璃壁的时候会发出很大的声响。

（4）非洲骨舌鱼只有1种，称为尼罗河龙鱼。分布于尼罗河中上游和热带西非洲。外形类似于亚洲及澳洲龙鱼。其吻端到背鳞前位置的轮廓不是直线型的，此外口部较大而不开裂，觅食时才会张开。体色为橄榄色带灰色而不是黑色，天然水域中的尼罗河龙鱼可长达1米，重6千克。在水族箱中可长至80厘米。须注意的是此鱼不吃小鱼而是吃浮游生物，像沦虫、红虫等，这样巨大的鱼吃这么小的东西有趣吧？它的第四、五鳃面的上部是螺旋状的，类似于迷宫科鱼类的呼吸器官。

两栖类爬行动物

数亿年前，由于地球上的水陆分布起了巨大变化，海面大大缩小，大片陆地露出海面。水陆变化又影响了气候，旱涝不均。这样就导致了一部分海中动物登上了陆地，逐步就诞生了两栖动物。大约到距今3亿年前，两栖动物中的一支进化成了爬行动物，它们的脊椎已分化为明显的颈、胸、腰、骶、尾五部。其中一部分动物又从陆地回到海洋，因此它们既能在陆地上生活，又能在海中生活。

一副凶相的动物——马来鳄

马来西亚一带是鳄鱼繁殖、栖息的好地方，这里的鳄被称为马来鳄。印度洋孟加拉湾是世界上鳄鱼较多的地方，这里的鳄鱼吼叫起来像是轰轰的雷声。

"鳄鱼的眼泪"被人认为是假慈悲的象征。其实，它是在用眼睛里的腺体排除体内多余的盐分，那眼泪是浓缩了的盐水。这样鳄鱼就不怕在海水里活动了。

鳄鱼的嘴令人生畏，一口尖利的锯齿般的牙齿，即使闭住嘴也还有一对露在唇外。2个鼻孔长在上颚的最前端。鳄鱼是用肺呼吸的，吸一口气闭住鼻孔可以潜入水底待很长的时间。鳄鱼的身躯是深褐黄色的，厚皮上覆着角质鳞。4条粗壮的短腿，前肢长着5趾，后肢少1趾，每个趾上长着弯弯的趾爪。身后拖着一条笨重的尾巴，当鳄鱼在沼泽滩上爬行时，这条尾

巴却灵活地左右摆动，支持着身躯向前滑去。

马来鳄

马来鳄身躯庞大，长6米左右，数百千克重。它是卵生爬行动物，生殖期间上岸产卵，每年约产卵20～70枚，孵化期为45～60天。鳄鱼皮可制革，其经济价值很大。

鳄鱼长得丑陋，相貌可怕，又很残忍，因此人们一见它就要把它打死。近些年来鳄鱼的皮非常值钱，捕杀它的人就更多了。这样一来全世界的鳄鱼数量大大减少，孟加拉湾各国的马来鳄也濒临绝种。

在这种情况下，动物学家开始研究人工繁殖、饲养鳄鱼，现在已完全做到了。

兰里岛也是养鳄最理想的地方。据说世界上已有三四个国家开始兴办鳄鱼养殖场，其经济价值极为可观。我国近些年也开始试办养殖场，并初步获得成功。

鳄鱼给人们的印象是"反面角色"，尤其是它在水里那懒洋洋几个钟头不动的样子，使人都以为它是迟钝、懒惰的家伙。其实这是一种误会，实际上，鳄鱼在这种躯体庞大的水生爬行动物中，不仅游泳快，而且陆上行动也很敏捷、利落。尤其是夜间捕食，没有再比鳄鱼本领高超的了。软体物、鱼类、鸟类，甚至沿岸大型牲畜它都能捕捉住。有的科学家对尼罗河鳄鱼的胃中物进行了专门研究，发现里面有大量行动迅速的小动物。

鳄鱼合群。春天河水上涨时，不大不小的鳄鱼，会排成队，逆流而上，捕捉鱼时，也按顺序每条鳄鱼捕捉一条，互相从来不争食，很有友爱精神。那些成年的鳄鱼，喜欢成双成对地捕食，有了食物也共同享用。有的人还看到过两条鳄鱼在陆上一起拖一头捕获的羚羊。

鳄鱼生儿育女，也很慈祥，产卵之后，就把卵埋到半米深的地下。在小鳄鱼出世前的 90 天里，母鳄鱼从不离开自己的卵，也不吃任何东西。它的"丈夫"也与之守候在一起，夫妻共同保护它们的后代。

小鳄鱼一来到世间就大叫大喊，20 米之外都能听到。鳄鱼妈妈听到叫声，立即用前肢和上下颌把土扒开，然后用嘴把刚刚从卵里钻出来的小东西，一只只地从岸边衔到水里。鳄鱼爸爸也不是旁观者，当小鳄鱼快要脱壳时，它用嘴把即将破壳的卵衔起来，然后用上下颚轻轻一挤，使小家伙能顺利脱壳。

小鳄鱼要长大，一般由父母看管 8 个星期左右。在此期间，只要小鳄鱼发出叫喊，嗅到有危险，父母就会赶到出事地点，来卫护小宝宝的安全。

海中大蜥蜴——海鬣蜥

海鬣蜥，生活在赤道附近的科隆群岛上。

秘鲁的寒流悄悄地掩过科隆群岛，把它抱在怀里。赤道的酷暑被吹散了，气候凉爽宜人，不像其他热带岛屿那样潮湿。在这一派热带丛林的风光里，栖息着许多奇奇怪怪的动物，海鬣蜥就是其中之一，因为它生活在海边，常在海中寻食、游泳，所以叫它海鬣蜥。海鬣蜥要比科摩多龙小，也是爬行两

海鬣蜥

栖动物，一般体长 1.8 米，重 10 千克左右，占身子 2/3 的扁平长尾，是它在海中游泳的桨。它以海藻和岸边植物为食，平时多栖于岸边岩礁，或爬树上度日、觅食，受到惊扰时方跳入水中。生殖时，海鬣蜥把卵产在潮线上挖好的卵坑里，卵坑深约 50 厘米，卵在卵坑里自然孵化。

海鬣蜥从颈部至尾基部，披着柔软的皮质长针状棘列，因成鬣状而得名。它是中生代残存下来的爬行动物。科学家认为它是恐龙的近支本家。

海鬣蜥有一种特殊的潜水循环反射本能。当它们潜入海中时，心跳速度自动减缓，除大脑外，全身血液循环趋于停止，皮肤血管收缩，身体外层变凉，形成外界寒冷的水温与其体内温度的缓冲带。这样不仅降下海鬣蜥潜水时对氧气的消耗，而且也使它们的体内温度保持恒定，以适应潜水活动的需要。

迷恋故乡的动物——海龟

海龟中最大的是棱皮龟，被称为"海龟之王"；最小的是玳瑁，被称为海龟的"侏儒"。

每年4~9月，在西沙、南沙各岛礁沙滩上，都可以看到由深海泅来海滩产卵的大海龟，小的几千克，大的几百千克，有时数十个结队而行。因此西沙、南沙又有"海龟故乡"之称。

海龟

海龟是一类大型海洋爬行动物，用肺呼吸，主要生活在热带海洋中，它的祖先远在2亿多年前就出现在地球上。古老的海龟和中生代不可一世的恐龙，一同经历了一个繁衍昌盛的时期。后来，地球几经沧桑，恐龙相继灭绝，海龟也开始衰落，但海龟借助那坚硬的背和腹甲壳的保护，战胜了大自然给它带来的无数次厄运而生存下来了。海龟步履艰难地走过了2亿多年，顽强地生活着，繁衍着，真可算是"珍禽异兽"了。

海龟雌雄交配时很有意思，交配前，雄龟要追逐雌龟，雌龟不遂意时，用头对着雄龟。雄龟则从旁边绕到雌龟背后，而雌海龟也随之不断地改变方向，总是用头顶着对方，不让它绕到自己的后面来。一时，雌海龟在内，雄海龟在外，像推磨一样在水面上团团转。雄海龟有一条相当长的尾巴，前肢有一个大而弯曲的钩状爪。这条长度等于体长 1/2 的长尾和前肢的大钩爪，都是为了便于交配。当雄龟一爬上雌龟的背，便用前肢钩住雌龟的背甲，长长的尾巴向下往前弯曲，其交配器插入雌龟的泄殖孔中，完成交配。

每年 4～10 月是母龟到西沙岸上生蛋的季节。龟蛋在沙土下靠阳光的温度孵化，一般 50 天左右小龟破壳而出，钻出沙坑，本能地爬向大海。但它要活下来还要经历许多磨难。要跟风浪斗，要跟凶恶的鱼类斗，真正活下来长成成年海龟的只有 1/5 左右。

小海龟破壳而出，呆头呆脑地钻出沙坑，在灼热的沙地上朝着大海的方向蹒跚地爬行。一路上，这些幼小的生命招引来了一群群贪婪凶狠的海鸟。为了逃脱被啄食的厄运，小海龟们拼命地爬着，一些体质孱弱的小海龟，即使不被海鸟吃掉，也会被太阳晒死。当小海龟们纷纷跃进白浪滔滔的大海里时，浪涛还会卷起它们向岩礁上摔去，等待吞食它们的大鱼正张着大嘴。尽管这样，大部分小海龟还是幸运地到达了岩礁间和海底，开始了自己的艰难生活。小海龟循着祖先走过的路径去游历大洋，到成熟了，再返回故乡产卵。尽管它们不能像陆地上的飞行动物能那样参照高山、河流、树林判断方向，但依然从不迷途。科学家最近发现，海龟是靠潮汐运动及地球磁场来辨别方向的。

海龟的肉味鲜美，营养丰富。龟甲是名贵的药材，其脂肪是制造高级香皂的上等原料。以往世界上每年约有 30 多万头成熟海龟葬送在人类手里。1960 年以后，各个捕海龟的国家都采取禁挖海龟卵、禁捕海龟的措施，并开展人工养殖海龟的工作。我国西沙、南沙的有关部门也采取各种措施禁捕海龟，禁挖海龟蛋。

如何保护南沙、西沙的海龟，如何科学地养殖和开发海龟资源，是"海龟故乡"的一个重大科研课题。值得一提的是，世界上产海龟的地方不只是西沙、南沙，南大西洋上还产一种可供人骑的大龟。只要用绳子去逗大龟，它脖子一伸就会咬住绳子，人们就可像牵牛一样牵着大龟走了。

在中美洲的尼加拉瓜，每逢海龟产蛋季节，首都马那瓜的食品市场上到处有海龟蛋出售。每年 7~8 两个月内，至少有上百万枚龟蛋产在沙滩上。

尼加拉瓜东部加勒比海，海岸线长，多沙滩，气候炎热，饵料充足，海水清澈，是海龟生息天堂。全世界 5 种海龟，这里就有 4 种：棱皮龟、蝳龟、玳瑁、绿龟。但由于长期滥捕，数量急剧下降，每年只有上万只龟来这里产蛋了。

为保护资源，环保部门通过政府采取了措施，规定每年 10~11 月禁止捕杀海龟，不准捡蛋，也不准人们用灯光照射还在生蛋的海龟。

海洋中最大的海龟是棱皮龟，长可达 2.5 米，重约 1000 千克。

棱皮龟与其他海龟不同之处在于，它的体表没有笨重的背、腹甲，而代之以整块革质皮肤包裹全身，革质皮肤的背面有 7 条高高隆起的纵棱，腹部也有 5 条纵棱，这就是棱皮龟一名的由来。

棱皮龟

棱皮龟性情暴躁，不易饲养，在人工池中最多可饲养 1 周左右。而其他龟性情温顺，可常年在水族馆中饲养。棱皮龟和其他海龟一样，没有牙齿，它们的牙齿早在古代就已消失，而为坚韧锋利的角质硬喙所取代。所以，棱皮龟吃食时是用坚韧的角质硬喙将食物咬碎，咬碎的食物在口腔中靠着吞咽动作进入食道。棱皮龟的食道内壁布满大而锐利的角皮刺，这些数目众多而坚硬锐利的皮刺犹如牙齿，食物被它们磨碎后再进入胃、肠消化吸收。也可以说，棱皮龟的"牙齿"长在食道中，咀嚼食物的过程是在食道中进行的。

棱皮龟栖身大海，以海为家。所以四肢转化为巨大的桨状，是游泳的工具。尽管它在陆地上步履蹒跚，但在水中却是灵活自如，能以 32 千米/时的速度向前游进。棱皮龟生殖季节，雌雄龟在水中交配，雌龟产卵要上岸，在沙滩挖穴产卵。产卵后，和其他海龟一样，将卵坑用沙盖上，在阳光照射下，经过 70 天左右，小棱皮龟便可破壳而出。棱皮龟在一年中产卵数次，一次产卵 90～150 枚，主要产卵季节在 5～6 月份。马来西亚是棱皮龟主要产地之一，当地居民喜食棱皮龟的卵，这对棱皮龟传宗接代很不利。

我国沿海也有棱皮龟，但不多，只是偶尔发现。棱皮龟有较高经济价值，肉可食，脂肪可炼油。

海洋中最小的海龟玳瑁。体长只有 50 厘米左右，体重 45 千克左右，最小的只有 15 千克。

玳瑁的黄褐色的背甲杂有黑色斑点纹，犹如覆盖屋顶的琉璃瓦一样光亮美丽，十分悦目。玳瑁生活在热带、亚热带海洋中，尤喜在珊瑚礁中生活，所以我国南海的西沙、南沙等岛礁中数量较多。玳瑁的肉不但有异味，而且有毒，不能食用。《本草纲目》记载玳瑁的甲片有"解毒、清热之功，同于犀角"。又因它的甲片有美丽

玳 瑁

的光泽和花纹，所以还是制眼镜框、发夹、梳子、表带和雕刻精细工艺品的上等原料。因其具有贵重的甲片，每年有大量玳瑁被捕获。现在我国政府已采取了有效的保护措施。

神秘的科摩多龙——大蜥蜴

传说印尼科摩多岛上，有一种怪兽，非常凶猛厉害，尾巴一晃能击倒一头牛，嘴巴一张能吞下一头野猪，更令人费解的是还能从口中喷出火来。这个传说有几百年了，是真是假，终于被一位荷兰的飞行员在一个偶然的机会撩开怪物的神秘面纱。

1912 年，荷兰飞行员在一次飞行中飞机出现了事故，意外地迫降在科摩多岛上。飞行员在树林中寻找食物充饥，发现几条怪兽，那模样像龙，嘴里不时闪着火光。不久，他返回了驻地爪洼，写了一份关于发现怪兽的报告。报告说："在科摩多岛的确有当地人传说的'龙'，但那不是真正的龙，是一种令人惊讶的大蜥蜴。"

当时科学界一批权威，对飞行员这份报告嗤之以鼻。他们武断地说，科摩多岛既不能有龙，也不会有 5～6 米长的巨蜥。飞行员听了很恼火，几次去找他的上司，要求上级作出正确判断。这位长官认为：如果岛上存在这种怪兽，为什么这么多科学家不去考察弄清呢？连科学家都认为没有，军人就无法弄清了。于是要这位飞行员不必过问此事了。

这位飞行员不顾劝阻，到处申说：科摩多岛的确存在一种巨兽，不管它是龙还是巨蜥，反正它们存在着。结果他被认为迫降中神经受了刺激，精神虚幻产生幻觉，竟被送进精神病院。

然而在科学家中，也有人对飞行员的报告感兴趣，他就是自然科学家、爪洼博物馆馆长欧埃尼斯。他给住在科摩多岛附近岛上的一位朋友安尼尤宁写了信，请他亲自去考察一下无人居住的科摩多岛，看看荷兰飞行员说的是真还是假。

安尼尤宁也是荷兰军官，他接到朋友信后，立即就找机会登上了该岛。在岛上，他不仅看到了那奇异的巨兽，而且亲手打死 2 只，将 2 张完整的兽皮运到爪洼。一张兽皮长达 3 米。

经过专家们鉴定，科摩多岛上的巨兽不是龙，而是一种巨型蜥蜴，证实了那位飞行员的说法。科学家们把这种巨蜥命名为"科摩多龙"。

第一次世界大战结束不久，古生物学家在澳大利亚发现了科摩多龙的化石，经测定是 6000 万年前的史前动物。同时地质学家又发现，科摩多岛是火山喷发形成的海岛。这两个发现成了一则轰动世界的大消息，使人们陷入了迷宫，科摩多岛诞生以前，澳大利亚这种龙早已绝迹，那科摩多岛上的巨兽是从哪里来的呢？又怎么能生活到今天呢？难道真有天降的"龙"吗？

1962 年，苏联科学家带着考察队，在科摩多岛实地研究，带队的是著名学者马赖埃夫。他们在岛上住了几年，弄清了全部秘密，写出了一份报告，一当发表就成了轰动世界的新闻。

这篇新闻告诉人们：体长 3 米的科摩多龙，在岛上很多。它们有令人恐怖的巨头，两只闪烁逼人的大眼，颈上垂着厚厚的皮肤皱褶，尾巴很大，四肢粗壮，嘴里长着 26 颗长达 4 厘米的利齿。最可怕的是，远远望去，它能口喷火蛇。但走近一看，就发现那口中的"火蛇"，不过是它鲜红的舌头。那舌头裂成 2 片，经常吐出口外，很像是火焰。科摩多龙，生性不爱动，很少追捕猎物。它们捕猎，采用伏击战术，待猎物靠近时，猛地用尾巴一扫，把对方击倒，然后扑上去，把颈咬断，再从容不迫地用餐。科学家们发现，一头科摩多龙把一头鹿击倒后，竟像吃肉丸子一样一口吞下了。

科学家经过长期努力，已经解开了科摩多龙的许多谜，如此科摩多龙每次可产 5～25 个鹅蛋似的卵，8 个月后幼仔便出生，它们寿命在 40～50 年。但是，也有许多问题至今还没有解开。

自然有生必有死，而科摩多岛上的龙，只有生不见死者，怎么也找不到它们的尸体和残骨。难道死者是被生者吃掉了吗？可自然界的动物对尸体都是厌恶的，为什么会偏偏吃掉自己同胞尸体呢？还有，它的祖先是在澳大利亚被发现的，它怎么到科摩多岛的呢？尽管它会游泳，但如此遥远怎么漂过大海呢！留下的这些谜有待科学家进一步探索。

科学家对巨蜥如何进食，总想有个具体的了解，下面这组镜头，就是五位科学家的目击记。

他们在巨蜥前来饮水地方，竖起木桩架，上面倒挂着一头山羊。一刻钟之后，地球上最神秘的动物巨蜥就出现了。有 3 米多长，400 千克重，筋肉发达的尾巴拖在地面上，它靠交替移动四条腿来完成前进动作。不一会儿从林中又来了 4 只巨蜥，超过 1.5 米，要年轻敏捷得多。当它们发现山羊后，立即攀援到桩架上，狂怒地撕着挂在上面的那头羊，而那只成年巨蜥却无力爬上去。片刻羊头被 4 只小巨蜥撕得垂下来。于是地面上那只成年巨蜥急眼了，忍不住了，它一纵跳起来，用强大的颚咬住整头羊，并把它扯下来。目睹此情景的科学家都感到惊奇和战栗，吓出一身冷汗。随后跟踪而来的 9 只大小不等的巨蜥，把山羊撕碎，各攫取一份羊肉。那只最大的巨蜥，抢走了最大一块羊肉。

下午 4 时，又来了一只老年巨蜥，皮肤皱缩，行动迟缓，比那只个头还大，它毫不客气地把半只剩下的山羊拖进了隐藏的丛林。

以后几天，他们如法炮制，把活羊运到沼泽地边，系在固定桩上，由于活羊散发出的气味，被一只巨蜥发现。那巨蜥一边不停像蛇一样吐着舌头探索地面，一边向山羊靠近，在距离山羊 10 米时，山羊站了起来，摆出了迎战的姿态——四脚笔直、头部前倾，准备用角抵对方。巨蜥一见这一架势不敢掉以轻心，相应摆出威胁姿势，以期吓住对方。不料山羊不仅不屈服，反而用后腿猛然一蹬，身子前冲，用角重抵了一下巨蜥的肋间。不过山羊先发制人并没起到太大的作用，巨蜥开始了独特的捕食战术，用强有力的尾巴朝山羊横扫过去，意在扫倒猎物。然而这只山羊特别机灵，躲过了巨蜥头两次"扫腿"，但第三次终于被击倒，巨蜥窜上去就用迅雷不及掩耳之势，一口咬住山羊，像老虎钳似地死死钳住不肯放松。随后，巨蜥用力一拉拽，折断了山羊的颈椎骨，接着就撕碎，血淋淋生吞活剥地把羊吃下去了。

尾部带桨的动物——海蛇

蛇是由古老的两栖动物演变而来的。而海蛇是由陆地蛇进化而来的。在漫长的进化过程中，蛇摆脱水生环境，到陆定居，为了度过不良时期，蛇采用"冬眠"的办法。但海蛇多了一次反复，它先由水到陆，再由陆到水，经历 2 个阶段。

海蛇为了适应海洋生活，前半部变细小，是圆柱形，后半部变粗，尾部侧扁像船桨，它就是靠扁尾巴在海里游来游去的。这种体形要生活在陆地上就寸步难行了。

海蛇从陆地到海洋生活，在漫长的时间里是个艰巨挑战，但它最终解决了 4 个主要问题：

（1）在海中捕食问题。在陆地上，海蛇用它颤动的舌头去"品尝"空气，而海中情况大不相同，但它同样运用感觉，在猎物离得很远时，就探出味道。这就是海蛇爱吃鳗鲡的道理。它是通过毒牙把毒液注入猎物体内而获得食物的。它跟陆蛇不同之处，就是毒性更大。

（2）海蛇呼吸方式也改变了。它成功地解决了水下呼吸问题。它能在水下待 3 个小时。海蛇所需氧气 1/3 是靠皮肤从水中吸收，有时也直接呼吸空气。它们的鼻孔有着特殊的瓣膜，一潜入水中就闭上了。海蛇的肺叶

海　蛇

几乎从头部到尾部都有分布，它能从水面吸到空气，然后存入肺中。

（3）海蛇解决了体内排盐问题。在海中生活的爬行动物，都有把海水中的盐分吸收到体内进行调节的本领。海蛇身上有排盐腺体，长在它的舌头下面。

（4）海蛇解决了行动问题。海蛇腹部保留着重叠的鳞片，而且它的尾部发展成桨状，这样海蛇在海水中行动就敏捷了。

海蛇经几万年的演变，才解决上述难题，终于在海洋定居。它行动迅捷，呼吸自如，并能排除盐分，这使它能够在珊瑚礁中窜来窜去了。

黄腹海蛇，是地球上数量最多的爬行动物。有人曾见过一大群这类海蛇在海中翻腾着，形成了一条 3 米宽、110 千米长的带子。这种海蛇如此特殊，以致于从东南亚发展到太平洋，并一直向东延伸了约 1.5 万千米。仅这一点，就会让人大吃一惊。

黄腹海蛇捕获猎物通常是靠偷袭来完成的。它们的视力并不太好，但能察觉猎物的行踪。当猎物进入了海蛇的地盘而毫无知觉时，它的舌头很快就能嗅出猎物的到来，于是猎物到手。致命的毒液几分钟后就能发作。在吃鱼以前，海蛇总是把鱼头摆成向下的姿势，以免鱼的脊刺扎着喉咙。

海蛇常常爱潜入 50 米左右的深水里活动，这一点引起科学家极大的兴趣，按常规海蛇的肺和心脏是不可能承受如此大的压力的。这个谜的揭开，可能对潜水员的装具发展会有新的突破。

青蛙、蟾蜍和蝾螈

（1）青蛙是两栖类动物，它爱吃小昆虫。炎热的夏天，青蛙一般都躲在草丛里，偶尔喊几声，时间也很短。如果有一只叫，旁边的也会随着叫几声，好像在对歌似的。青蛙叫得最欢的时候，是在大雨过后。每当这时，就会有几十只甚至上百只青蛙"呱呱——呱呱"地叫个没完，那声音几千米外都能听到，像是一支气势磅礴的交响乐，仿佛在为农业丰收唱赞歌！

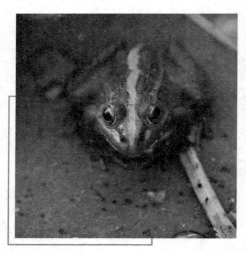

青　蛙

青蛙的眼睛鼓鼓的，头部呈三角形，加上爬行动作迟钝，也许你会以为它有点傻乎乎的。可是，当你稍一走近，它就猛地一跳，跳到飘着浮萍的池塘里。这一跳，足足有它体长的20倍距离！

青蛙除了肚皮是白色的以外，头部、背部都是黄绿色的，上面有些黑褐色的斑纹。有的背上有3道白印。青蛙为什么呈绿色？原来青蛙的绿衣裳是一个很好的伪装，它在草丛中几乎和青草的颜色一样，可以保护自己不被敌人发现。

春天，青蛙在水草上产卵，卵慢慢地变成蝌蚪。蝌蚪是黑色的，圆圆的身体，有一条长尾巴，蝌蚪一天天长大，先长出后腿，再长出前腿，尾巴渐渐地缩短退化，最后变成青蛙。

青蛙是捉害虫能手，青蛙捉害虫全靠它又长又宽的舌头，舌根长在口腔的前面，舌尖向后，还分叉，上有许多黏液，只要小飞虫从身边飞过，青蛙就猛地往上一跳，张开大嘴，快速地伸出长长的舌头，一下子把害虫吃掉。青蛙的眼睛看静的东西迟钝，看动的东西敏锐。

（2）蟾蜍也叫蛤蟆，两栖动物，体表有许多疙瘩，内有毒腺，俗称癞蛤蟆、癞刺。在我国分为中华大蟾蜍和黑眶蟾蜍两种。从它身上提取的蟾酥以及蟾衣是我国紧缺的药材。

蟾是幸福的象征。不论是神话中的蟾，还是现实生活中的蟾，都确确实实与人类有密切的关系，为人类做了很多好事。它容颜丑陋，不时地在田埂道边钻来爬去。尽管人们不理解它，但它还是默默无闻地工作着。

蟾蜍是农作物害虫的天敌，据科学家们观察研究，在消灭农作物害虫方面，它要胜过漂亮的青蛙，它一夜吃掉的害虫，要比青蛙多好几倍。蟾蜍平时栖息在小河池塘的岸边草丛内或石块间，白天藏匿在洞穴中不活动，清晨或夜间爬出来捕食。它捕食的对象是蜗牛、蛞蝓、蚂蚁、蝗虫和蟋蟀等。蟾蜍喜欢在早晨和黄昏或暴雨过后，出现在道旁或草地上。如被人们用脚碰一下，它会立即装死躺着一动不动。它的皮肤较厚，具有防止体内

蟾 蜍

水分过度蒸发和散失的作用，所以能长久居住在陆地上面不到水里去。每当冬季到来，它便潜入烂泥内，用发达的后肢掘土，在洞穴内冬眠。蟾蜍行动笨拙蹒跚，不善游泳。由于后肢较短，只能做小距离的（一般不超过20厘米）跳跃。

蟾蜍在入药方面也比青蛙高出一筹。我国第一部药学专著《神农本草经》就记有蟾蜍的性味、归经和主治等方面内容。多少年来，人们采集蟾蜍耳下腺及皮肤腺分泌物，晾干制成蟾酥。蟾酥是我国的传统名贵药材之一，是六神丸、梅花点舌丹、一粒珠等31种中成药的主要原料。我国生产的蟾酥在国际市场上声望极高。

常见的蟾蜍，只不过拳头大小。可是在南美热带地区，却生活着世界上最大的蟾蜍，最大个体长约25厘米，为蟾中之王。蟾王不仅体型大，胃

口也特别好，它常活动在成片的甘蔗田里，捕食各种害虫。因此，世界上许多产糖地区都把它请去与甘蔗的敌害作战，并取得了良好成绩。蟾王的足迹遍及西印度群岛、夏威夷群岛、菲律宾群岛、新几内亚、澳大利亚以及其他热带地区，每年为人类保护着相当 10 亿美元的财富。一只雌蟾王每年产卵 38000 枚左右，是两栖动物中产卵最多的一种。但有趣的是，它的蝌蚪却很小，仅 1 厘米长。蟾王不仅能巧妙地捕食各种害虫，也能很好地保护自己。它满身的疙瘩能分泌出一种有毒的液体，凡吃它的动物，一口咬上，马上产生火辣辣的烫伤感觉，不得不将它吐出来。

民间传说月中有蟾蜍，故把月宫唤作蟾宫。诗人写道："鲛室影寒珠有泪，蟾宫风散桂飘香。"月亮上是否有蟾，在科学技术发达的今天，人能登月，这个谜自然被揭开了。

（3）蝾螈是有尾两栖动物，体形和蜥蜴相似，但体表没有鳞，也是良好的观赏动物，包括北螈、蝾螈、大隐鳃鲵（一种大型的水栖蝾螈）。它们大部分栖息在淡水和沼泽地区，主要是在北半球的温带区域。它们靠皮肤来吸收水分，因此需要潮湿的生活环境。环境温度到 0℃ 以下，它们会进入冬眠状态。

蝾螈属动物生活在丘陵沼泽地水坑、池塘或稻田及其附近。10 月到次年 3 月多在水域附近的土隙或石下进入冬眠。3～9 月多在山边水草丰盛的水坑或稻田内活动。底栖，爬行缓慢，很少游泳。多在水底觅食蚯蚓、软体动物、昆虫幼虫等。

蝾螈身体短小，有 4 条腿，皮肤潮湿，体长大约在 10～15 厘米，大都有明亮的色彩和显眼的模样。中国大蝾螈体型最大，体长可达 1.5 米。

蝾　螈

水下哺乳类动物

爬行动物大约于 2 亿年前分化出了哺乳动物。哺乳动物不像其他脊椎动物那样把卵产出体外孵化，而一般有子宫和胎盘，由母体直接产出幼体。哺乳动物的心脏有了互不相通的心房和心室各 2 个，脑很发达，善于对外界环境进行观察，并作出反应。哺乳动物身上长毛，体温在正常条件下能保持恒定。动物由变温进化到恒温是一个重要飞跃。哺乳动物的四肢能把躯干抬离地面，不像一般爬行动物那样用腹部与地面相贴。在距今约 7000 万年前，哺乳动物代替了爬行动物，成了陆地上占优势的脊椎动物。其中少数哺乳动物又回到了海洋中。

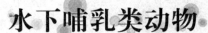 最大的水下生物——蓝鲸

我国古代很早就有记载："海有鱼王，是名为鲸。"还有一篇《长鲸吞舟赋》文章，记载和形容鲸的巨大，说"鱼不知舟在腹中，其乐也融融，人不知舟在腹中，其乐也泄泄"。在鲸胃中真能容纳下一个生活小天地吗？当然不能，这是一种夸张的手法。但是古人已经知道世界上最大的动物是海洋中的鲸了。

一头大的蓝鲸身长可达 30 余米，体重超过 170 吨，仅它的舌头就比 1 头大象重。据说，当它摆动又粗又重的尾巴时，其功率达到 500 马力（1 马力约合 0.735 千瓦）。曾有一艘 27 米长的现代捕鲸船，用捕鲸叉叉住了一头雄鲸，在 8 小时内，蓝鲸拖着这艘船跑了 92 千米，而在这期间，捕鲸船上

的 2 台发动机一直开足马力，把船向相反的方向推进。

蓝鲸

"鲸"字带鱼字旁，但实际上鲸并不属于鱼类，它是一种哺乳动物。很早就有人说，鲸起源于陆地上的哺乳动物。但苦于拿不出足够的事实证据。随着现代科学技术不断的发展，科学家们运用胚胎学、解剖学、考古学的研究成果，逐步揭开了这个谜。科学家们从鲸的血液蛋白化学分析中进一步指出，鲸鱼与其他肉食兽和有蹄动物是近亲。

1978 年，在巴基斯坦发现了一块鲸化石，这块化石是鲸一块颅骨的后半部分，长 45 厘米，宽 15 厘米，距今已有 5000 万年。从化石可以判断出这种原始鲸身长约 1.8 米，重约 150 千克。科学家在研究中还发现，原始鲸化石的耳内没有现代鲸赖以感觉水下声音的中耳骨泡囊状组织。因此，原始鲸不可能听清水下的声音和辨别水下声音的方向，也不可能深潜或者像今天的鲸那样在水下待很长时间。科学家由此推断，这种原始鲸生活在古地中海的一个浅海里，属两栖哺乳动物，它们在陆地栖息繁殖，以浅海中的鱼类和其他水产物为食物。

那么究竟是什么原因促使鲸从陆地又回到海洋呢？有些科学猜想：在 1.25 亿年前，它们也许就跟现在的海豹、海象一样，有时在陆地栖息，有时又在海中生活，后来才迁入海洋；到了 4000 万年前，它们便再也没有回到陆地生活的能力，完全适应水中生活了。以上只是一种猜想，没有确切的答案。

如此庞大的动物鲸，人们总是以为它是凶猛食肉性动物，一定会捕猎海洋中的大动物为食物。其实这是一种误会，恰恰相反，它爱吃的是一种小动物——南极磷虾。

夏季的南极盛产磷虾，磷虾聚集在一起时，数百平方海里能变成一片红色。每当这个时节，蓝鲸就回到南极，尽情吞食鲜美的小磷虾，愉快地度过夏天。饥饿的蓝鲸游到海面，只要张开大嘴，连虾带水喝一口，然后抬起舌头一挤，水从上颚和舌头之间流出，通过鲸须的过滤，喷出嘴外，把磷虾留在嘴里。舌头再一动，一大堆磷虾就进喉中了。

夏天一过，母鲸就得带小鲸离开南极寒冷海区，到温暖地区过冬，因为此时小鲸表皮下缺乏脂肪保护层，抗不住严寒。如果雌鲸此时怀孕了，雄鲸也会陪伴，夫妻同行，或一家同行。

新生的小鲸长得很快，几个月后就有几米长，20吨重了。它们在洄游过程中，吃的东西很少，是空着肚子的。因此夏天一到，它们就急急忙忙回到南极。蓝鲸这一规律，被捕鲸人发现，于是蓝鲸的厄运就降临了，大批的捕杀，几乎使蓝鲸灭绝，到1965年时，世界上只剩下200头蓝鲸了。这些年采取了一些措施，情况在好转，目前上升到上千头了。

别看蓝鲸身体庞大，是海中之王，可是在海洋中它也常常遇到一种可怕的"敌人"——虎鲸。这凶狠虎鲸有一个癖好，欢喜吃蓝鲸的舌头。

天底下许多动物都是一物降一物的，每当蓝鲸突然发现虎鲸时，它们一下子被吓坏了，惊慌失措，甚至游不动了。虎鲸包围了蓝鲸，它们先按兵不动，只有两头虎鲸在暗中瞄着蓝鲸。当这两头虎鲸把身体对准蓝鲸的头部时，进攻就开始了，虎鲸猛地冲过去，一下子咬住蓝鲸的上下颚。它们拼命用力，企图使蓝鲸张开嘴，此时同伴也冲上来帮忙，用尾巴抽打蓝鲸，有的咬蓝鲸尾巴。弄得蓝鲸闭不上嘴，嘴全被咬烂，舌头也就暴露了，虎鲸狼吞虎咽地吃着这条大舌头，直到塞饱肚子才游走。此时的海面被血水染红了。可怜的蓝鲸此时并没有死，受到痛苦的折磨，但不久就会死去。

蓝鲸对虎鲸相当恐惧，尤其是在海湾里发现虎鲸时，它们往往宁可集体自杀，也不愿舌头被虎鲸吃掉。只有在少数情况下，蓝鲸数量多，集体进攻虎鲸，才能逃脱被吃掉大舌头的命运。

鲸有个习性，欢喜跟航船相伴而行。而且常常恋恋不舍，赶都赶不走。有头鲸跟随"挑战者"号考察船达数天之久。1851年11月，"普利穆特"号帆船从一群蓝鲸附近驶过。人们发现，一头蓝鲸离开鲸群向帆船游来，

它随同帆船游了24昼夜。船员们提心吊胆，生怕蓝鲸发怒而撞翻了船，总想把它赶走。他们用货舱里的脏水泼它，拿破木板和瓶子砸它，用燃烧的木炭向它头部扔去，可是它就是不走，还是死皮赖脸地跟着帆船，而且越靠越近。它时而潜入船下，时而离船舷很近，从喷气孔喷出的泡沫飞入舷窗，变幻不定的天气也没有使它离去，直到船靠岸了，这条蓝鲸才消失在大海里。

蓝鲸难道对航船有感情吗？科学家研究的结果，多数人认为不可能。它随船而行是因为它自己生理上的需要。鲸身上容易生长一些寄生虫，这些寄生虫弄得鲸身上发痒，为了解痒，它很想靠上船舷去擦痒，在船的龙骨、船边蹭来蹭去，就是为了解痒。另外航船溅起的浪花，带动水流，作用于鲸身上，使它的皮肤感到舒服。

大概鲸有这种随船游动的习性，有人就产生大胆的想法，用驯化的蓝鲸作动力，来拉船，这样既不用燃料了，又能保护海洋环境。但有人算过账，鲸胃口太大，养不起啊！一头3.5吨重的鲸，一天最少要吃150千克的虾；上百吨的大蓝鲸，得要花多少饲料钱啊！一天要吃4~5吨磷虾，实在是受不了。

龙涎香的制造者——抹香鲸

世界上体型较小的鲸，均为齿鲸类，它们都很凶猛，以撕食为生；体型较大的鲸，则几乎都是须鲸，它们在海中依靠鲸须过滤捕食，性情较为温顺。但抹香鲸则例外、特殊，体大而又是齿鲸，在下颌有20~25对牙齿，是齿鲸类最庞大、最凶狠的一种鲸。

海洋生物学家经过长期跟踪观察抹香鲸得出一个结论：它是鲸类中最凶猛、最威严的鲸。成熟的抹香鲸体长可达30来米，体重可达60余吨。地球上最大鲸是蓝鲸，身躯相当于33只非洲大象。尽管抹香鲸比它小，但也是海洋中的"巨人"。在海上要是偶尔看到它，觉得活像一方巨大的、褶皱的原木漂在海上，只有当它不停地喷水时，才觉得是个可怕的活物。但是它一旦潜到水下，那灵活、优雅、敏捷样样都超群了。

抹香鲸相貌很古怪，它身体的前 1/4 是一只鼓出来的大"箱子"——头，装有至今人类所知的最上等的油。关于这只"箱子"里的大量鲸油的功能，至今也是个谜。抹香鲸的颚也是谜。科学家们看到抹香鲸经常将小鲸含在嘴里，或用颚彼此相碰，似乎在亲吻。科学家也看到过一条抹香鲸脑袋上有一排伤疤，这显然是互相斗殴时被对方下颚的牙齿咬伤的。

抹香鲸有强有力的牙齿，但它不主要用于进食。在斯里兰卡附近海面，曾有人看到抹香鲸吃大乌贼的时候，都是囫囵吞下去的。有的科学家认为抹香鲸很可能是用咔嗒声将猎物震晕，然后再吞下去的。

成年抹香鲸觅食的深度，是幼鲸所不能达到的。一般雌鲸轮流在海面照看她们的子女，她们一直将小鲸喂养到 2 岁能独立觅食时为止。幼鲸在鲸群里一直待到 5 岁，然后雄鲸独立门户，组织一个单身汉的鲸群。雌鲸或是入伙，或是继续留在"娘家"。

完全长成的雄鲸一年中，大部分时间都在南北两极的海域周围转悠。只有交配季节才到热带逗留数日。而成年的雌鲸则在温暖水域里生儿育女，度过终生。

抹香鲸生育小鲸也很有意思。母鲸翻转身，将腹部朝水面，从生殖部位喷出一股血水和一团黑的东西，几秒钟后，一头细嫩的小抹香鲸，鲸尾卷曲，鳍是弯的，浮动在它妈妈身旁，此时还带着脐带，但眼睛明亮，有时离开母亲在附近游动。

小鲸初生后，有几头成年鲸便聚过来检验这个小生命，它们把小鲸推推搡搡地夹在中间，甚至把它托出海面。所有这些都可看出成年鲸对小生命的关心。

抹香鲸最喜欢的食物，是一种体长 10～18 米、重约 200 千克的大王乌贼。这种乌贼生活在深海中，抹香鲸要吃这种美味就得潜至千米以下深海中去寻觅。一旦发现了大王乌贼，抹香鲸就用嘴死死咬住大王乌贼，用尽全力把它向海底礁石撞去，大王乌贼也用那 10 条带有吸盘的大腕足紧紧缠住抹香鲸迫之窒息。搏斗经常要持续几十分钟乃至数个小时，在酣战过程中，它们东奔西窜，海底翻滚，二者偶尔跃出水面，浪花四溅，宛如一座小山突然耸立海中，鏖战之后，抹香鲸虽可饱餐一顿，但身上却留下了累累伤痕。

抹香鲸

前面我们已经讲过，抹香鲸头部竟占体长的 1/4，形如箱子，里面储存的全是鲸油。每条鲸可提取的油足有 10～15 桶。对于抹香鲸的鲸油归纳起来，世界科学家有 3 种观点：

（1）一些科学家曾依据海豚听觉的机制推测，认为抹香鲸巨大的额部脂肪部是极佳的回声探测器。而另一些科学家则认为额部似乎多余的巨大脂肪体，实际上起了一个浮力调节器的作用，使抹香鲸可以从深海区迅速上浮，减少了升浮时间，从而赢得了更多的深海潜捕时间。

（2）有的科学家认为，鲸"油箱"是高级吸氮器，它能将鲸血中的溶氮吸出，从而保证鲸由 1500 米的深水中急速上浮时不因潜水病而死亡。

（3）有的科学家认为"油箱"有声学波导管的性能：它能毫不损耗地传播声音，并能透镜一样地变换声波。声速的传播本来是均匀的，但当接近额隆凸的中心处时传播速度则明显减缓，这是因为该处的液态油质浓度相对最大。然后，令人惊讶的是，无论是脂肪组织内部还是在脂肪组织与外界环境接壤处，传播的声能均不会受损耗。储藏在下颌中的脂肪组织直接紧挨着耳骨，这难免使人猜想，下颌骨也可能起着接收天线或波导管的作用。但究竟是不是这个作用，尚有待于验证。

珍贵的龙涎香的特殊加工厂就在抹香鲸身上，这一点已经得到证实了。但是龙涎香到底是怎么形成的，至今仍然是个谜。

龙涎香历来被视为珍品，其价值远远超过黄金。宋代文学家苏轼的一首诗中提到："香似龙涎仍酽白，味为牛乳更全清。"可见，那时古人就把龙涎香视为极品了。近代的调香师们，也把龙涎香视为定香剂，但目前人工尚不能合成，因此更为珍贵。它是高级香水中不可缺少的"妙香"成分。香水中加进少量龙涎香，会使香气变得柔和、持久、美妙动人。

水中独角兽——一角鲸

在北极千里冰封的海域里，栖息着一种怪兽，那就是头上长一只角的鲸，科学家把它称为一角鲸。这个角实际上是雄鲸上颌的一颗牙齿，母鲸和小鲸没有独角，只有雄鲸性成熟之后，这颗奇怪牙齿才反方向像螺旋一样朝左扭着向前生长。一角鲸体长 5 ~ 6 米，可是这颗怪牙就长 3 米。过去误认为是它头上的角，其实应称它"独牙鲸"。

我国古代也传说有独角兽，说是一种鹿身、马蹄、牛尾、全身长满鳞片的怪兽。民间都把此物当做吉祥物。说此物降临时，便有圣人要出现。

一角鲸

在欧洲，很久以前就流传着独角兽的故事，有关它的记载也可追溯到公元前480年。说有人见到过这种兽角，它洁白光滑，呈圆锥形，是被海盗带上大陆的。但当人们问起此角来源时，海盗们却讳莫如深，不肯吐露。因此这长角的动物激起了人们的各种猜想。也有不少人把它描绘得跟中国民间传说的一样，是有着马身、马头、鹿腿、狮尾的一种奇怪混合体。到了中世纪，关于独角兽的种种传说更是披上了神秘外衣。有的文学家在书中把它描绘成前额长着一个长角，敢跟老虎、狮子、大象博斗的猛兽。还有人把它描绘得凶猛强悍、能飞，猎人根本看不到它。可当怪兽看到美丽的姑娘时，会主动走到姑娘跟前，躺到她的脚下，十分温顺。因此，人们把独角兽和处女比喻为耶稣和圣母玛利亚。这类传说越来越多、越来越神奇，使独角兽成了一种至高无尚的、令人生畏的高贵动物。传说中的独角兽也变成了鹰头、狮身，这些传说无形中促进了欧洲文化的

发展。

在中世纪的传说中，神秘独角兽头上的角，有防治疾病和解毒的功效。因此，用它雕刻成的酒杯、盅、碗等器皿，被那些贪生怕死的皇宫贵族们视为珍宝，它的价值也与日俱增。据说罗马皇帝从海盗那里得到了两个独角，花费的黄金相当于今天 100 万美元。传说尽管流传了几个世纪，但独角兽到底是啥样，谁也没有见过，始终是个不解之谜。

1577 年 6 月，探险家马丁·弗罗比舍带领一队人马去北极考察。在穿过北极附近时，遇到了风暴，眼看船队要遭灭顶之灾，绝望中他们发现了一座海岛，经过一场生死搏斗总算驶进一个海湾，登上了这个海岛，终于死里逃生。探险队登陆的地方就是巴芬岛的东南角。

巴芬岛是个荒无人烟的海岛，到处是冰天雪地，但总比在摇摇晃晃的船上要好，探险队找了个避风较好的岩洞，暂时安顿下来。突然，一个队员惊叫起来："天啊！怪兽！怪兽!"马丁·弗罗比舍立即从岩洞里钻了出来，在这个冰雪覆盖的世界，在那个惊叫的队员跟前，有一条硕大的、体形特别古怪的"死鱼"。它的身体圆滚滚的，就像一条海豚，一只长达 2 米的独角破唇面出，洁白无瑕，活像一只大象牙。

马丁·弗罗比舍被眼前的怪物迷住了，尽管他天南海北到处探险考察，但从来没有见到海中还有这种怪兽。他围着这只怪兽转来转去，忽然想起欧洲人的传说，莫非这就是独角兽吗？为了要证实一下眼前的怪兽是不是独角兽，他马上想到可以用这只独角来解毒。于是，他跟队员们在岩洞里捉了一只剧毒的过冬蜘蛛，把它塞到独角孔里，大家都瞪着眼睛看那只蜘蛛的动静，约莫过了 10 分钟，毒蜘蛛果真死去了。幸运的避难者欣喜若狂，他们在九死一生中发现了珍宝。

马丁·弗罗比舍的船队回到欧洲后，向人们郑重宣布：传说中的独角兽被他们找到了，它是真实存在的。他们把那只珍贵无比的独角献给了英王伊丽莎白。从此，在世界上传说了几个世纪的神奇动物终于被证实了。

长期以来，科学家们对一角鲸的这颗巨牙到底起什么作用众说纷纭。有的说，是鲸潜入冰层需要吸氧气，用这颗牙来破冰捅洞，起着冰镐的作用。另一些科学家立即反对，提出：难道雌鲸不潜入冰层下吗？还有的科学家说，这颗牙是用来翻沙寻食的，可是一角鲸是以乌贼、鱼类以及虾蟹为食物的，这与这颗牙毫无关系。因此，前几种说法都难以使人相信。

近几年，有些科学家又有一种解释，说这颗巨牙是生殖季节雄性鲸之间为了争夺"爱妻"——雌鲸而进行格斗的武器。这种说法有些道理，但始终没有人见过这种决斗的场面。为什么至今没有一种肯定的说法呢？因为一角鲸是珍稀动物，又生活在北冰洋，因此很难遇见，这给研究它的习性带来了一定的困难。

近几年，又有生物学家对一角鲸的长牙用处提出新说法。认为这颗长牙是"声音角斗的工具"。认为雄鲸互相接近时，会发出声音，经过长牙尖端辐射出去，就像是电波由发报机的天线传播出去一样，都是想把竞争对手驱逐出雄群。因低频率声音距对方耳朵越近威力越大，越容易使对方胆怯，从而，长牙越长，优越性也就越大。

固执轻生的动物——伪虎鲸

我们常常被鲸集体自杀的消息所震惊，这种轻生而又固执的鲸，就是伪虎鲸，有人又叫它拟虎鲸、假虎鲸。

伪虎鲸身体呈黑色，匀称细长，近似圆柱形；头圆、口大、牙齿粗壮，以乌贼类为食物。这种鲸一般体长 3 ~ 6 米，体重 700 千克左右，最重可达1500 千克。它跟虎鲸有亲缘关系，但二者外貌差异悬殊，所以被称为"伪虎鲸"。

伪虎鲸是大洋种群，生活在各大洋和两极的海域中。最让科学家感到纳闷不解的，是这种鲸常常出现集体自杀的可悲场面。

1906 年在查塔姆岛搁浅数百头。1927 年在多诺支湾搁浅 150 头。1928年在开普敦附近海面搁浅近 300 头。1978 年 10 月，在我国辽宁省的金州湾搁浅 15 头。1979 年 7 月，在加拿大的欧斯峡海湾搁浅 100 余头。1980 年在澳大利亚的悉尼近海搁浅 50 头。1981 年在塔斯马尼亚的东北海滩搁浅 180头。1982 年 11 月，在美国东海岸搁浅 61 头。最令人吃惊的是 1948 年在阿根廷的马德普拉塔沿岸，一次集体自杀达到 838 头，整个海滩上黑鸦鸦一

伪虎鲸

片，惨不忍睹。

1985年12月22日早晨，福建打水岙湾正在涨潮，潮浪汹涌，一些渔民正在海上作业，只见一头10余米的大鲸被渔民的网团团围住，这头巨兽不肯束手待擒，拼命翻滚吼叫，企图挣脱，无奈被海网紧紧缠住，动弹不得。与此同时，渔民们又发现2海里外波涛翻滚，一群鲸正向这边游来。鲸群在渔网周围游弋，并且身体隔网摩擦被困的同伴，以示安慰，同时横冲直撞，攻击渔船，显得非常愤怒。渔船在鲸群攻击下，上下颠簸，几乎翻覆，渔民惊恐万状，奋力搏斗。相持三四个小时，海水退落，鲸群全部搁浅，横卧海滩，但全部活着。奇怪的是，待海水再次涨潮时，这群鲸还是不肯离去。

这下子，渔民万分焦急了，他们知道鲸是保护动物。当地水产部门的领导赶到现场，下令渔民要奋力驱赶鲸群回大海，甚至动用机帆船拖曳，但奇怪的是，这些鲸群宁死也不愿离开海滩，即使拖回到深水中的鲸，又冲上海滩来，没有一头退缩，直到再次退潮，12头巨鲸全部毙命，每条都在12米长以上，陈尸海滩，情景十分壮烈。

为什么在自然界鲸群集体自杀屡见不鲜呢？科学家初步从1913年算起，有案可查的鲸类搁浅"自杀"个体总数逾1万头了。记录还表明，不但伪虎鲸自杀很多，而且其他鲸类也有类似行为。那么这个悲剧是什么原因造成的呢？非常遗憾，至今科学家也没有完全解开这个谜。

归纳起来，科学家有以下几种分析。美国动物学家格渥德教授认为，鲸类是一种眷恋性很强的水生哺乳动物，尽管它们常常羞怯到令人惊讶的程度，但仍有足够勇气去拯救其受害的同伴。美国生物学家沃尔森指出，鲸类具有定向声呐系统，一头鲸遇难，能通过定向声呐系统发出呼救信号，使其同类迅速赶来，奋力相救，只要有一个同类没有脱险，其他鲸在任何情况下都不忍弃之离去。这是鲸类亿万年种群生活方式所造成的保护同类的本能。美国地球生物学家金斯彻维克认为，鲸类如同鸟类、鱼类一样，利用地球磁场来决定其迁徙途径，大多数种类迁徙时，似乎遵循于磁力低地而避开磁力高地，这可能是在于磁力低地较为省力，因此他认为鲸类是受磁力"低路"的影响，顺着这些磁力"低路"前进时搁浅在海滩上。日本科学家宫崎森满对鲸集体自杀另有见解。他认为鲸"自杀"的悲剧是由于某种寄生虫使其听觉神经异常，导致声呐系统失灵而造成的。

以上种种看法，还只是初步研究的说法，"集体自杀"之谜至今没有定论。

世界上的事情无奇不有，人们千方百计救鲸群往往难以成功，可是海豚救鲸群却成功了。这件事发生在新西兰的北岛托克劳海滩。

1983年9月一天，在托克劳海滩，80余头大大小小的鲸随着潮水冲上海滩，海水退后，鲸全部搁浅在沙滩上。人们曾试图把它们拖回到海中去，可是拖回海中之后，又会莫名奇妙地再冲上岸来。人们不断地给鲸泼水，怕它们干死。护理10多个小时，眼看涨潮了，人们帮鲸掉转头，推向深海。可是被救的那些鲸又游回来要冲上岸去。

正在人们万分焦急、束手无策时，海面上突然出现一群海豚，这些海豚显然是到海岸边来寻食的。它们发现了困在海滩上的鲸群，好像领悟到鲸的处境，就迅速地向鲸群游去。只见十几头海豚到了鲸群中间，在它们身边穿行着，用身子轻轻地触碰鲸，好像在安慰它们。经过这样一番活动之后，海豚们便领着鲸，朝深海方向游去。令人惊奇的是，鲸群竟十分顺从地跟着海豚，慢慢消失在茫茫大海中。这些巨大的海洋动物终于得救了。岸上的人们目睹这一切，都情不自禁地欢呼雀跃。

据海洋生物学家说，海豚救鲸群，这不算是头一次了。1979年，在新西兰的杰格兰港，一群海豚也救回了搁浅快要自杀的鲸群，把它们领到安全海区。但这一离奇的动物行为，生物学家还是迷惑不解。海豚为什么要救鲸群？它们怎么知道鲸群处在危险境地？它们怎么知道如何帮助鲸群？所有这一切，都没有合理科学的答案。

水中的歌唱家——座头鲸

长久以来，在航海家中流传着这样一种说法：时常从海中听到迷人的歌声。当然这种说法许多人是不信的，说是一种幻觉。但最近一位美国科学家揭开了这个谜，海洋中的确存在歌唱家，它就是躯体庞大的座头鲸。

座头鲸

海洋中神秘歌声来自座头鲸，这一点已经揭开，但是座头鲸歌声是不是跟鸟一样，只是一种叫声呢？不是的，鸟叫声调很高，持续时间只有数秒钟，而座头鲸歌声的调子变化范围很宽，持续时间达6分钟，有的可达半小时，音质也相当动人。有独唱、二重唱、三重唱，或者许许多多交错声音的合唱。一些鲸类专家录下了这些歌声，而且发现很怪，歌声几乎每年都有变化，有不少"新歌"，它们的歌声变化都循着一定规律进行变化，不是杂乱无章。鲸类专家还发现，各地海域不同的座头鲸，它们的歌声、格调基本是相同的。这说明同种鲸都有它们自己的共同语言——自己独特的歌声。

海洋中的动物，会发出叫声的很多，但没有一种动物的音响像座头鲸那样富有节奏感。科学家认为，唱歌在座头鲸生活中有特别重要的意义，它主要是一种通讯信号，它们依靠这种歌声，在广阔的海洋里保持同类之间的联系。

科学家通过研究发现，座头鲸唱歌的全是雄性，雌性并不唱歌。因此，人们普遍认为，座头鲸的歌声可能像小伙子们唱的情歌，是用来表达爱情的。科学家已经发现，每年春季繁殖季节，座头鲸的歌声要比往常多得多。但是，至今科学家对座头鲸这种美妙语言没有人能听懂。

座头鲸的歌声是从哪里发出来的呢？这又是一个没有解开的秘密。尽管目前听过座头鲸唱歌的人并不多，但可以肯定的是，它的声音既不是喉头发出的，也不是气孔发出的，而是透过厚厚的脂肪传出来的。这和虎鲸不同，虎鲸是利用控制气孔的孔径来发声的。科学家推测，座头鲸很可能是利用气流发声的，因为充分的空腔可以产生带有共鸣的复和音，这种声音极像座头鲸的歌声。

利用声波通讯的不仅限于座头鲸，其他鲸类，如抹香鲸以及世界上最大的动物蓝鲸等也有此种功能。只不过座头鲸声音特殊，优美婉转，声音能连续，而且能从头唱起。法国生物学家在太平洋的百慕大海区记录下上百头座头鲸的"大合唱"。鲸群发出了上千种音响，有婉转的颤音、尖厉的吱吼声、吼叫声、嗡嗡声、吱吱声，像一群温习功课的小学生在大声朗诵。

海水和淡水的盐度差异很大，一般淡水含盐量只有 0.5‰，而海水含盐量可达 33‰~35‰，这就使生活在淡水和海水中的动物，分布上互相隔离。除了部分溯河产卵的鱼类外，其余大部分海中动物是不能在淡水中生活的。然而，令人不解的是，终生生活在海洋里的座头鲸，竟然会游进淡水河。

1985 年 10 月 10 日，一头生活在美国夏威夷群岛海域的座头鲸游进了旧金山湾，并游了 8000 多米到达了萨克拉门托河。这一新闻立即轰动了整个美国，数百万不同地方的人，以不同的方式关心着这头鲸的动态。之后它又游到里维斯塔地区附近的河泊，在那里停了几天。10 月 15 日，它的皮肤开始腐败，颜色由黑变灰，并且开始蜕皮。4 天后，它又游到了上游的一条灌溉渠里。

显然，淡水对座头鲸是不适宜的，美国一些科学家担心它会很快死去。为了这头鲸的安全，一场营救工作开始了。

人们想出两种方案，第一是采用水下锤击金属管的声诱方法促使它返回海洋。一开始，此法有明显效果，但不久，这头鲸又游往上游了。

第一招失灵之后，又改第二招。人们采用轰声法，促使座头鲸向下游游去。他们用 50 多条船在它身后组成一个物理和声音的屏障，这头鲸终于

水下哺乳类动物

在人们一片欢呼声中，通过金门大桥，返回大海。

这头座头鲸是得救了，但人们不禁要问，它为何要游向淡水河呢？如此长的时间为何没有死呢？科学家研究分析了很长时间，众说纷纭，莫衷一是。

凶残的"海狼"——虎鲸

虎鲸，也叫逆戟鲸、恶鲸，绰号"海狼"。从这些名字中就透露一股杀气，人们就知道它像虎一样凶猛，像狼一样的凶残，是海洋中的猛兽，鱼群的敌害。

虎　鲸

虎鲸长着个纺锤形的光滑躯干，背上高高翘起一个坚韧的背鳍，穿着黑色的大礼服，有的是深灰色的。胸腹前露出雪白衬衫，眼睛后上方化妆着漂亮白斑，背鳍后边有一段弯弯的白色区域，那是雄兽的标志。两片横生的尾鳍，如果站起来，很像立正站着的脚。当它缓缓游动时，体态优美，像个温文尔雅的绅士。虎鲸群大小不等，多者30~40头，少者3~5头。虎鲸胃口很大，有一口锋利的牙齿，加上40千米/时的游泳速度，在海洋里称王称霸。

从捕获的虎鲸胃里，人们找到它的食谱。一头6米多长的虎鲸胃里有13只海豚、14只海狗；另一头虎鲸胃里吞下了14只海豹；第三头虎鲸胃里发现4条小温鲸的尾鳍。

虎鲸捕食有一套妙计，它们会动脑筋，会组织起来发挥集体力量。加拿大有位鲸类专家，他亲眼见过虎鲸"围网捕鱼"的壮观场面。三群虎鲸像放羊一样秩序井然地赶着大大小小的鱼群，不久，虎鲸围成一个大圆圈，把鱼群围在中间，然后虎鲸开始跳舞一样，一对跟着一对地轮流冲进圆圈中心，对着鱼群择肥而噬。待所有的鱼都吃光了，虎鲸才自动散去。南极的虎鲸爱吃海豹和企鹅，在海水中，它们能轻而易举的将猎物捕捉住，在冰上的海豹和企鹅它们也有妙计能捕住。它们找到冰块薄弱部分，用它那沉重的鼻子，把冰压裂开，冰的另一边就慢慢翘起来，使上面的海豹和企鹅向冰底处滑，正好跃到水面虎鲸张开的大嘴里。

虎鲸群居生活，实行的是母系制。典型的虎鲸群的成员有：祖母、母鲸和它的子女、孙儿孙女等。年幼的雄鲸是在母系制家族中成长的，和其他动物不同，它们是不会离开自己家族的。只有当两个不同的虎鲸群相遇时，雌雄鲸之间才会交配。雄鲸跟雌鲸交配的权力是平等的，没有强弱之分，绝不会发生因争夺配偶而展开残酷撕杀。

海洋动物学家发现，在一天中，虎鲸家族成员总有两三个小时静呆在水的表层，露出巨大的背鳍，它们的胸鳍经常保持接触，显得亲热和团结。据科学家们观察，这是虎鲸扎营睡觉的姿势。在睡眠和休息时，虎鲸必须保持一定程度的清醒，不然不小心就会落入深渊，陷入险境。虎鲸为何能安然地漂浮在海面呢？因为它们的肺里充满了足够的空气。如果鲸群有一头受伤，或者发生意外，有一头失去知觉，就必须依靠同伴帮助。一般是祖母鲸或母鲸抢先用自己的身子或头部托住它，使其漂浮在海面上，否则它的生命就完结了。

虎鲸和陆地上的哺乳动物一样，需要呼吸新鲜空气。奇怪的是，鲸群所有成员，几乎都是同步进行呼吸。科学家们发现，它们做四次短而浅的潜水，再做一次时间较长、入水较深的潜水。一头虎鲸潜水时，先用尾巴猛烈拍打平静的海水，然后头部入水，翘起白底尾叶，顿时水花四起。

据研究人员最新表明，虎鲸是语言大师，它能发出 62 种不同的声音，而且不同声音具有不同的含义。研究人员发现，虎鲸在捕食大马哈鱼时，发出断断续续的"咔嚓"声。虎鲸通过回声去寻找鱼群，而且还能够判断鱼群的大小和游向。因为海洋黑暗，又有大量浮游生物，虎鲸在这种环境捕食，只能靠发声来寻找猎物。

虎鲸还有一个有趣习性，经常要游到卵石海滩擦身。它们用腹部紧贴在卵石堆上，上下左右不停地翻滚摩擦身子。它们时而翻筋斗，时而用下腭抵住石堆旋转，时而又斜着身摩擦其尾叶。擦身时间，少则十来分钟，多则个把小时。虎鲸这样做，是为了除去身上的污物，因为新陈代谢的关系由腐败皮层细胞构成的表皮，如果久不除去，粗糙的表皮逐渐增厚，使它们感到很不舒适。

生活在不同海区的虎鲸，甚至不同的虎鲸群，它们使用的语言音调有程度不同的差异，这很像人类的地方语言。有时，某一海区出现大量鱼群，虎鲸群会从四面八方汇集来觅食。但它们的叫声却不同。科研人员认为，鲸群之间的方言交流，很可能是像人类配有翻译一样，但是否真的存在，至今是个不解之谜。

水中"猴子"——海豚

海豚是海洋哺乳动物中最聪明、最精灵的动物，有"海哇嘲子"之称。海豚的名字其实是个总称。人们通常把体长3米左右的齿鲸都称为海豚。

海豚比猴子还要聪明。有些技艺，猴子要几百次训练才能学会，而海豚只需20次左右就可学会。海豚经人训练后可以表演各种技艺，如空中接

海 豚

食、钻水圈、救护、顶球、跳高等多种节目，它们是海洋水族馆中最逗人喜爱和受欢迎的"角色"。海豚不但会这些技艺，在人的特殊驯育下，它们还可以充当人的助手，戴上抓取器后它可潜入海底打捞各种沉海的遗物，如实验用的火箭、导弹等，或给从事水下作业的人员传递信息和工具，进行军事侦察，甚至充当"敢死队"，携带炸药和弹头冲击敌舰或炸毁敌方水下导弹

发射装置。

　　人们不禁要问，为什么海豚比其他动物聪明呢？科学家长期以来展开了研究，他们发现海豚的大脑要比其他动物发达得多。

　　一只成熟的海豚，其脑重占整个体重的1.2%，而黑猩猩才只占0.7%。单位体长中的脑重海豚也比黑猩猩大，海豚为0.55千克/米，黑猩猩只有0.21千克/米。这就是说，海豚有比黑猩猩多得多的脑组织来控制每一米的身长。海豚脑发达还表现在形如核桃仁，上面有许多深沟。科学家们认为，这就是海豚所以比猴子和猩猩还要聪明的原因，是它能够容易地被教会各种动作如打乒乓球、跳火圈、托球等的原因。

　　1956年春天，新西兰海滨城镇奥波伦尼发生了一个海豚跟孩子交上朋友的故事。有一只海豚，它似乎不怕人，总爱游到人群里来，喜欢跟孩子们在一起。孩子们在水里玩时，它竟也来参加，而且很快成为托球能手。于是，孩子们熟悉了它，给它取个名字叫"奥波"。奥波每天有6个小时来游玩，其余时间到海里找东西吃。小女孩贝克尔经常逗引它、抚弄它，所以"奥波"一看到贝克尔下水，它就会立即向她游去。有一次贝克尔在水里站着，"奥波"竟然冲向她，把她背起来去大海里游玩了一番。后来"奥波"又让其他孩子骑上去游玩。海豚"奥波"这些不寻常的举动，很快被记者拍了照传播开来，结果远近的人们纷纷赶来观看，很快这个小镇成了旅游胜地。

　　海豚有趣的事多了，尤其是海豚救人的传说更多。1949年的夏天，美国有位律师的夫人，正在一个未公开开放的人迹稀少的海滨浴场游泳。她向前游了一段距离后，突然陷入一个漩涡里。她身不由己地迷失了方向，连喝了几口水。一排排海浪压了过来，情况万分危急，就在即将昏迷的一刹那，她忽然感到什么东西从下面猛地推了她一下，接着又是几下，直到把她推到浅水中为止，她得救了。等她清醒过来，向四周一看空无一人，只有一只海豚在离岸不远的水中嬉戏。这时跑过来一个神情激动的游泳者，向她讲述了亲眼见海豚救她的情景。

　　1964年，日本渔船"南阳丸"号不幸在海里沉没，10名船员中有6人当即丧生，其余4人在海中游了几个小时，一个个累得筋疲力尽。就在这求

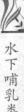

水下哺乳类动物

生无望时，有两只海豚匆匆赶来，围在他们周围，好像是要营救他们似的。这几人喜出望外，抓住海豚的鳍就要往海豚身上骑。谁知海豚却把身子往海里沉，自动到他们身子底下，然后把他们身体往上一抬，就把他们驮在背上了。就这样，每只海豚驮两个渔民，一直游了36海里，然后猛地一使劲，把他们安全地送到岸上。

类似这种故事有很多。很早就有海豚救人的传说。在古希腊的《亚里翁传奇》中，就记载了亚里翁的奇遇。他是有名的歌唱家，有天他在意大利巡回演出后，携带大量金钱乘船返回故乡。水手们见钱眼红，顿生歹念。当他们夺走了钱财，还要杀死亚里翁的时候，亚里翁请求让他再唱一支歌，水手们答应了。准知，他那动人的歌声竟引来了海豚，在他被扔进大海之后，海豚便驮着他一直游到海岸边，让他平安地回到家乡。

海豚救人的勇为义举是有意识吗？是它的一种献身精神吗？科学家认为，这不是海豚有意识这样做的，而是它一种本能的表现。海豚"救"人，是因为它有一种用头部推水中物体的生活习性，不管是人还是别的什么，只要水中有东西，它总喜欢去推它。当人们看到海豚在推落水的人，或者当自己落水后被海豚推动时，不禁会产生一种新奇而神秘的感觉。在古代，这难得一见的场面免不了被人们加以种种夸张，变成了神话故事。其实，海豚压根儿就没有这种义举的"思想"，正像蜜蜂能够建筑非常精巧的蜂房不过是它的本能，并非它的头脑会进行什么设计一样，这里，海豚也只不过是在表演它的本能的动作而已。海豚推人的事实确实存在，但海豚救人的义举却完全是人们的误解。

1965年，美国太平洋沿岸的一个海洋公园曾发生了一件十分有趣的事情。一天，海豚馆的工作人员把水池的水位降得很低，好给那些"水中居民"注射预防针。当抱住一条海豚正要给它注射时，它不知是害怕还是别的原因，忽然发出一系列呼救的哨音信号。立即，隔壁水池中的一条伪虎鲸赶了过来，它温文尔雅但却固执地把嘴巴伸到海豚和工作人员的胳膊之间，直到受惊的海豚挣脱开为止。然后伪虎鲸就护着它游到水池的另一端，丝毫没有伤害它的意图。面对这种情况，就连驯育员也束手无策。后来，人们用调虎离山计把伪虎鲸引走，迅速给小海豚打完了针。等到那位"大哥"赶来时，一切都结束了。

这个事例可以看出，海豚和伪虎鲸之间是有某种语言在对话的。当然，海豚再聪明也是动物，它的语言也不会像人类那么丰富。但也不能因为我们不懂海豚语言，而否定它们有语言存在，正像海豚不懂我们人类语言而否定人类语言一样。今天看来，人们面对千变万化的动物界，认为语言是人类独有的看法应改变！不少科学家正在努力研究和解释海豚的语言，也在试验人与海豚对话的某些可能性。下面几个事例，让我们看看人与海豚的对话吧！

经过 18 个月教育训练，一只海豚学会 25 个单词，其中 11 个物质名词，7 个动词和其他一些相当于副词和形容词之类的词。还学会 3 个词组成的句子。举个例子，当教导员发出"铁环——找——球"的声音时，它马上就领会到这是叫它在水池里寻找铁环，再放到球上。反之，教导员把句子颠倒一下，变成"球——找——铁环"，那么海豚就在水池里找球，继而把球放到铁环上。

从语言的角度来看，最使人感到振奋的是海豚能够直接扩大对物体或新动作的认识。比方说，"鱼"既是食物，又是一个物体，海豚接受"找——鱼"的训练时，它不但不会把鱼吃掉，而且会把鱼送到教员跟前，只有当教导员把这鱼作为奖励品时，它才高高兴兴地去享用。再比如，"通过"一词，过去只是和"铁环"一起连用过，可是当教导员说出"通过——门"的句子时，海豚一点也不糊涂，而是正确地从门游了过去。更有趣的是，如果把门关着，它们知道先把门打开，再通过。同样，水池里如果站着一个潜水员，教导员说，"通过——人"，海豚会从潜水员两腿之间穿过去。这表明海豚在教导员苦心教育下，已经理解这些词的含意了。这证明人与海豚建立语言的交流，有一定的可能性。但人理解海豚的语言要比海豚理解人的语言还要困难。

海豚语言方面的研究成就最突出的是日本的黑木敏郎教授，他令人惊奇地发现海豚语言和人类语言相似，既有"普通话"又有"方言"，他列举海豚语言的类型有 16 种，但有 9 种是它们之间的通用语言。通用者为"普通话"，不通用的则为"方言"。在这些海豚间是否有更聪明的海豚来充当

"方言""翻译"，这一点至今没有得到证实。

会动用工具的水下生物——海獭

海獭主要生活在白令海和加利福尼亚沿海。这是一种相貌与水獭很相似的动物，与水獭比较起来，海獭的体型要大些，体长约 100～120 厘米，体重达 20 千克，整个身体像一个圆筒，尾巴比较短，约 30 厘米。海獭的后足非常发达，又短又宽，趾间有蹼。它耳朵的位置特别低，基部位于嘴角的水平位置。又短又钝的吻部长有白色触须。头部的毛色呈浅褐色，身体的毛色为深褐色。

海　獭

在食肉动物中，长期栖居海洋中的动物并不多，海獭算是其中之一。海獭具有顽强的生命力，它不像海豹具有厚厚的脂肪，以抵御冬天的寒冷。在北太平洋冰冷的海洋里，为了保持身体的热量，它需要不停地运动，不断地进食。除此之外，浑身上下极好的皮毛帮助它度过严冬。它的毛皮不仅极其致密保温，而且还能把空气吸进毛里，形成一个保护层，使冷水不能接近皮肤，寒气不能侵入，海獭皮毛的这种特性，使其价格在兽类皮毛中首屈一指。

海獭一般在浅水中觅食，主要以海胆、海蛤为食，也吃石鳖、鲍鱼、乌贼等。即使在波涛汹涌的海岸，海獭也照食不误。它能准确地判断两次海浪冲击的间隔时间，并且把握时机，从岸边的礁石上把贻贝一个个的揪下来。当前一个浪头拍岸后，海獭及时地跳上岸，忙碌着挑选食物，当下一个浪头袭来之前，它又急忙跳进海里。这种大胆、谨慎、准确的运动是其他动物所不及的。

不仅如此，海獭还是一种非常聪明的动物，它可以借助工具达到自己的目的。每当它潜入海底，捞到几枚海蛤，就把它们塞入肚皮褶里，然后再拾起一块石头，浮上水面，或者在浅水中、海滩上先选好石头，并将拣来的石块夹在腋窝下到处"周游"寻找食物。取食的时候，海獭仰面或浮在水面上，或仰卧在地上，将拾到的石块平放在腹部，它能用前爪紧紧抓住猎物在石块上敲打，直到打碎硬壳，吃到鲜美海味。令人惊奇的是，人们发现海獭所选的石头全部是方形或长方形的扁平石块，很少"选择"圆形的石头。道理很简单，圆形的石头容易从海獭的腹部滚下来，而扁平的石块却能稳定地放在它们的腹部，海滩上的石头多半是圆溜溜的鹅卵石，扁平的石块十分难寻。这说明海獭不仅会使用工具，而且还会选择工具。

一般情况下，海獭喜欢群居，与其他动物不同的是，它们喜欢和自己的同性伙伴在一起。雄性海獭内部之间偶尔发生争斗，但冲突不会持续很长时间，多数情况下，海獭们在一起，相互嬉戏、打闹。

繁殖期间，一对对有情的雌雄海獭离开各自的群体，寻找僻静、不受干扰的地方，建立自己的安乐窝。但是海獭只是 3 日夫妻，当它们交配之后，雌海獭便离开它的丈夫，回到自己原来的队伍中。

怀孕的雌海獭需要 9 个月的妊娠期才生下小海獭，这时候已经是冬末初春，刚刚来到这个世界上的小海獭浑身布满浓密的绒毛，它不需要母亲的帮助，可以独立地在水中漂浮。在母亲的指导下经过艰苦的训练，小海獭掌握了潜水、捕食的本领，不久就可以去寻找食物。

在所有的兽类毛皮中，海獭皮十分贵重，一件海獭皮大衣价值数万美元。这使海獭曾一度遭受大量捕杀，资源受到严重破坏。20 世纪 20 年代，太平洋各岛上已所余无几，后因美苏等国的保护协议，才使数量有所回升，目前许多国家已经开始饲养海獭并进行人工繁育方法的研究，而且人工饲养海獭已获得成功。

非兽非鱼的动物——海豹

海豹是一类哺乳动物，在动物分类学中属于鳍脚亚目海豹科。海豹是

一个大家族,家庭成员有 19 种之多,其中包括斑海豹、灰海豹、僧海豹等。海豹生活在太平洋和大西洋,全世界都有分布。

海豹有一双扣子般乌黑发亮的眼睛,圆圆的头覆盖着光滑的皮毛,胖墩墩的身体在陆地上运动起来像一只巨大的蠕虫,其模样憨实可爱。别看它在陆地上显得有些笨拙,到了水中可是游刃有余,旋转、疾驰,一对有力的后鳍脚推动着它如同鱼雷似的身体,游起来速度赛过鲨鱼,在海兽中称得上游泳冠军。海豹还是潜水能手。由于它的鼻孔和耳朵孔都有活动的瓣膜,潜水时可以关闭,保证它在水中呆上 8 分钟不换气,也不会出问题。海豹一生大部分时间是在水中,只有繁殖、哺乳、休息才爬上岸。

海 豹

海豹的食物主要是鱼和贝类,偶尔也吃幼鸟和鸟卵。我国的渤海湾,有丰富的鱼虾资源和较低的水温,是海豹觅食和休息的良好场所。

生活在我国渤海湾一带的海豹,每年 1~2 月份开始产仔,一只雌海豹一年只产一仔,而且将仔产在浮冰上。初生的小海豹大约有 5 千克重,遍体白色乳毛,这种颜色与雪白的冰浑为一色,是天然的保护色。每年立春前,从辽河口向南漂来一排排冰块,常有海豹在上面哺乳和休息,冰块在辽阔的海中,随着风浪漂移。

雌海豹产下幼海豹的最初几天,它时时刻刻守候在孩子的身边,寸步不离,给小海豹喂奶,让它适应生存的环境。10 天之后,哺乳期结束,海豹妈妈便开始教小海豹谋生的技能,不久,小海豹就可以独立地生活。

海豹是一种经济价值很高的动物,肉可以食用,脂肪可以炼成机械油,皮可以做衣服和雨具,这使它成为渔民捕杀的对象。

海豹这种可爱而且经济价值很高的动物其数量正急剧下降,处境非常危险。据记载,1494 年哥伦布在第二次航海时,在加勒比海曾经见过黄褐色身体的僧海豹。1707年一位西印度旅行家也在他的旅行手记上记载：位于加勒比海的巴哈马群岛上遍布着海豹。但是在近些年出版的《简明大英百科全书》中记载，加勒比海僧海豹在20世纪70年代就已经灭绝。在地中海，15世纪大量的海豹资源曾一度使古老的小亚细亚城市佛赛亚闻名遐迩，而现在地中海仅剩有500～1000只僧海豹。20世纪50年代曾有人调查夏威夷僧海豹，估计有3000只，70年代调查时减少了一半，而最近几年尚存的夏威夷僧海豹只有200～1000只，这个种类已濒临绝迹。其他海域的海豹数量也在减少。在欧洲北海沿岸，1988年春季过后，大约半年的时间里就死掉了1.8万头海豹。

海豹的数量急剧下降引起了科学家们的注意，并致力于寻找海豹的死因。目前科学家们认为，海豹数量的急剧下降除大肆捕杀之外，还有两个重要的原因：一是环境污染，二是病毒感染。

污染给所有的生物包括人类带来了巨大的灾难，海豹也在劫难逃。海豹的食量很大，60千克的成兽，每天要吃掉10千克的食物，它们最喜欢吃鱼类和软体动物，如乌贼、章鱼，这些生物被海面上和沿海漂浮着的废弃垃圾和污染物所污染，海豹摄入大量被污染的食物，有毒物质在体内积累，对海豹的健康和繁殖带来很大的影响。例如，水银一类含有汞的有毒物质进入海豹体内，在雌性子宫内积累，妨碍卵子和精子结合，使海豹繁殖力降低。由于有毒有害物质在体内滞留，海豹的免疫力也下降，一些细菌、病毒乘虚而入。据荷兰科学家奥斯塔夫教授分析，海豹在短时间内大批死亡与3种病毒有关，即犬热病病毒、爱滋病病毒和麻疹病毒。这三种病毒有可能是人类在捕鱼或观光过程中带给海豹的。研究人员还在海豹的肺部发现了导致肺炎的一种类似寄生虫的小虫子。

目前，保护海豹的工作在许多国家和地区已经开展起来。在美国建立了夏威夷野生动物保护区以保护海豹为主；在荷兰设有专门的海豹医院；中国政府已在公布的野生动物保护名录中将海豹列为二类保护动物。尽管如此，科学家们认为，惩治过度捕杀海豹的行为和控制污染是保护海豹的最有效途径。

水下哺乳类动物

"皮毛之王" —— 海狗

陆地上四只脚的动物太多了，谁都见过，海洋里有四脚动物吗？有，海狗就是。因为长时间生活在海洋里，它的四肢变成了鳍状，但它仍然离不开陆地，在生殖、换毛、休息时，它都要到陆地上来。

海狗皮柔软蓬松，经加工像绸缎般的光滑美丽，绒毛密厚，平均1平方厘米的面积上有62500根毛。号称"珍贵的毛皮兽"。一件海狗皮大衣，在欧洲值3000~5000美元。

全世界80%的海狗分布在白令海的普利比洛夫群岛上，那里既是海狗的天堂，又是海狗的地狱。我们就来看看那里海狗王国生活的悲喜吧！

海 狗

夏季，若是到圣保罗岛去旅游，一定会为那里的海狗惊叹不已。岩石上、海滩上，大大小小的海狗拖着后肢，爬来爬去；海面上的海狗时浮时沉，万头攒动，犹如千军万马的大军。它们吼叫着、喧闹着，那声音震耳欲聋，好像是海狗在赶庙会似的。这就是海狗王国繁殖季节的情景。每年夏季差不多有100万头海狗（占全世界海狗总数的80%）要到这些群岛上生儿育女。它们是地球上最大的海洋哺乳动物集群。

这个海狗王国是探险家普里比洛夫偶然发现的。1786年春天，普里比洛夫奉俄国女皇叶卡捷琳娜二世的命令带探险队出海探险，大雾中意外地发现了这个荒无人烟的海狗的栖息地。为了开发毛皮资源，俄国人强迫阿留申群岛上的居民迁居到这个荒岛上。

1867年，美国向俄国买下阿拉斯加和阿留申群岛、普里比洛夫群岛等地。近年来美国人采取了措施，限制阿留申人捕杀海狗的数量每年不能超过 24000 头，并规定只有在每年夏季的 5 个星期内可以捕杀，联邦政府支付美元收购全部海狗皮毛。

捕杀场面相当残酷和血腥。清晨在大雾笼罩下，捕猎者就从海上把海狗驱赶到岛的草坪上，那些雌海狗和小幼仔都被赶到一边，只把雄海狗留在草地上。这些"光棍单身汉"还来不及弄清到底会发生什么事时，阿留申岛的猎手们围成人墙，举起棍棒，劈头盖脑向它们猛打，把它们击昏；手持尖刀的屠手紧接着将尖刀插入它们的胸腔，剖出心脏；随后是割裂者，他们用刀剖开海狗肚皮，割掉肢鳍；最后是扒皮者，他们用钳子将冒热气的海狗皮扒下。熟练的屠宰小组可以在 1 分钟内完成上述动作。

剩下的海狗肉、脂、肢鳍、心脏和肝脏、肠子、骨头分给岛民们，他们把肉和内脏当做饵料和雪橇狗食卖掉，骨头则有专门的公司收购。

许多参观者看到这种血腥屠杀的场面，都感到万分惋惜。可是阿留申人却把它看得像收割庄稼一样，年年如此，这是他们生活的主要来源。每年夏天的头 5 个星期，确实是海狗王国的灾难之日。

每年繁殖季节，雄海狗陆续上岸，先经过一场剧烈的生殖地盘的争夺战，胜利者各据一方，划定自己的势力范围，等待雌海狗上岸。大批雌海狗上岸进入雄兽的独立王国内，构成了一个"一夫多妻"的家庭。

这种群居现象在动物学上称作"多雌群"。一头雄海狗可以拥有十到上百头雌海狗。雌海狗进入雄海狗的领地之后，不久便把去年怀上的小海狗生下来。雌海狗产仔不久，就可与雄海狗交配，再次怀孕。整个生殖季节，雄海狗不吃不喝，每天忙于交配，主要依靠体内积存的脂肪来维持巨大的消耗。小海狗在母海狗哺育下，一天天长大，母海狗开始带领它们下水。这时昼夜守着领地的雄海狗已累得筋疲力尽，也开始下海觅食。从 5 月上岸直到 8 月下水，它们已有 3 个月滴水不进了。

海狗分布于世界各海域，以北太平洋寒冷水域最多。我国沿海也有少量海狗。海狗除它的皮毛很珍贵外，雄性生殖器叫"海狗肾"，是名贵的药材，具有生精补血、健脑补肾功效，我国早在唐宋时已做药用。

贪食聪明的动物——海狮

海狮有 10 余种，体型最大的要算北海狮了。雄性北海狮体长 4 米，体重达 1 吨。雌兽较小，长 2.5 米，重几百千克。北海狮的数量也很大，可达 30 来万头。我们平时看到会顶球的海狮是加州海狮。成年的雄狮颈部周围生有长的鬣毛，其叫声也极像狮吼，因而有"海中狮王"之称。

北海狮虽然体大强悍，但有时却胆小如鼠，在岸上活动时，哪怕是风吹草动，也会纷纷入海。睡眠时，它们也不放松警惕，总要有一两只站岗放哨，发现危险会立即发出信号，告知同伴赶紧逃跑。有人曾做过试验，把值班的海狮用麻醉箭射中，看看其他海狮会有什么反应。结果发现，值班海狮一倒下，周围其他海狮立即围了过来，其中一只嗅到那支麻醉箭的气味，迅速地发出警报，吼叫起来，睡意正浓的整群海狮随之一哄而起，向海里逃去。后来这些海狮又陆续回到岸上，躺下睡觉了。

海狮这种警觉性是从哪里来的呢？简单说，是靠它满脸的胡子。

海狮浓密的胡子的基部，布满了纵横交错的神经，其复杂程度超过了像猫那样敏捷的陆生哺乳类动物。这些与神经密切相连的胡子，有很强的警觉作用，而且能感受声音。

海　狮

人们都知道，海豚有精巧的回声定位系统，海狮也能通过声带部位向所处环境发射一系列声信号，然后收集目标反射回来的回声，以此对目标大小和形状获得一个精确的声印象。科学家做过试验，在 8 米左右的距离内，海狮能分辨出牛排和鱼形象的不同。反射音是靠什么监听的呢？就是它的胡子。

海狮也是个很贪食的动物，它主要吃乌贼和鱼类，而且食量惊人，性成熟的雄性海狮在人工饲养下，一天可吃40千克鱼，重3千克的鱼一口就能吞下。在自然海区里，它每天的食量要比人工饲养时多3~4倍。特别是它们经常像一群闯入宴席的饥饿之徒钻入渔人所设的网中狂吃乱嚼，网具被毁，鱼被吞食一空。为此渔民称它们是"现代鱼贼"。据统计，从1956年至1960年四年间，北海狮破坏的渔网资源，价值3.3亿美元。日本渔民把海狮视为渔业生产的大害。

海狮在生殖季节，要回故乡陆地繁殖，因此不惜迢迢千里，跨洋过海，奔向目的地。在它们大量集中地方形成了繁殖场。

海狮是多配偶动物，一到生殖季节，年富力强的雄海狮首先赶到繁殖场，在岩石和礁上割疆而治。它们各自控制一个地盘，不准其他雄兽侵入，等待雌兽的到来。约1周之后，雌兽就陆续上岸了。这些到来的新娘，一个个都大腹便便，是即将临产的孕兽。原来它们还怀着上次交配后生成的胎儿。

孕兽们分别进入各雄兽的占领区后，形成了一头雄兽和若干雌兽自由结合的独立王国，即生殖群或多雌群。生殖群中雌兽数目一般10~20头，雄兽身体越大越强壮，占有雌兽头数越多。有的科学家曾发现，一头雄兽占有雌兽108头，雄性个头是雌兽的5倍多。

多雌群形成之后，雌兽便生下胎儿，没有休息几天，雄兽就迫不及待地向它们求爱了。海狮生育方式与众不同，雌兽产后并无一定的不孕期，而是紧接着就交配，而且交配越早受孕率越高。生殖期间，雌兽一般交尾1~3次，受孕后就退出多雌群，后期上陆的雌兽便陆续往里补充。而此时雄兽却一直不下海，不吃不喝，每天交尾多达30次。

这种繁殖方式，必然会有大量过剩雄兽，它们散布在多雌群周围，整日争风斗殴，强中更有强中者，只有战胜多雌群的霸主，才夺得它的妻妾家眷为己有。一直到生殖季节结束，多雌群才解散，它们下海各奔东西。

海狮为什么要组成多雌群呢？这是因为它们在苍茫大海上各居一方，雌雄难得相见，为弥补其不足，提高妊娠率，就需要众多的海狮在繁殖期间都不约而同地返回诞生地，钟情相会，自择配偶。这才能使种族延续获得保障。

初生的小海狮身体被厚密的绒毛裹住，能睁眼、能活动，跟母兽待在一起，分散在生殖场的各个角落。母兽要挪动位置时，就像老猫叼小猫一样，把小海狮衔在口里带走。

雌海狮产后 5 周即下海觅食，每隔 4～9 天回来一次。也许有人会问：生殖场成百上千只小海狮，母狮怎么认出自己的子女呢？据科学家观察，当母狮上陆后，先是连声高叫，小海狮听到这亲切的呼唤也立即应声回答，并急切地朝母狮方向加快了脚步。此时尽管生殖场叫声此起彼伏、熙熙攘攘，但母仔的声音彼此很熟悉，也能辨别得一清二楚。它们互相靠继续交流信号外，再辅以嗅觉，把鼻子伸到对方身上闻气味，犹如母子久别重逢，一旦相认无疑，便开始喝奶。

母海狮对自己子女关爱备至，而对同伴的子女却冷酷无情，从不代为哺乳。有时母狮下海寻食时间太长，小海狮饥饿难忍，就去找其他母狮讨奶吃，不是亲生子女的母亲，就会气势汹汹地恐吓，用头把它顶开，再纠缠，就会把小海狮咬着向远处扔去。平时两头母狮打架，也会拿对方子女出气，把无辜的小家伙扔下崖去，另一只母狮心疼地去照料倒了霉的小海狮。

冰海的主人——海象

海象是北冰洋的主人，它那圆柱状的体型，肥大粗壮，大者体长 4 米多，最大海象体长可达 7 米。海象的体重达 1000 多千克。它皮厚而多皱，全身披着短而稀疏的刚毛，体色棕灰，没有尾巴。海象的头小，眼小，视力很差，终日用它那突出嘴外的长牙翻开海底泥沙掘食贝类。它们的食量相当大，人们在一头海象胃里，发现 50 千克还没有消化的食物。海象的长齿不仅是挖掘食物的工具，也是御敌和进行攻击的锐利武器。在缺乏食物的海区，饥饿的海象就用这对长利齿捕食海豹和鲸来填饱自己的肚子。

南极半岛是大量南海象交配、产仔和换毛的地方。南海象是海象的一种，生活在南半球海洋中。它们躯体硕大，雄的体长达 5～6 米，重约 3000 余千克；雌的体长 3 米左右，重约 900 千克。这种食肉哺乳类动物，主要以小鲨鱼、乌贼等为食，一生大部分时间生活在海水中，只是在繁殖和换毛时期才移到海岛或冰块上来。

海象的生殖方式，基本上跟海狮相同，也是多雌群的"一夫多妻制"。

10月份，雌海象开始产仔。通常只产1仔。小海象身披黑色绒毛，非常可爱。到了11月中旬或下旬，哺乳期结束，仔海象自己组成"幼儿园"，聚集在一起生活。长至成兽开始交配，"大家庭"逐渐瓦解，夫妻子女各奔东西，到海中觅食去了。待到翌年9～10月间，南海象们又另求"新欢"，组织新的"大家庭"了。

被人们打伤的海象表现出惊人的狂暴，它会用背把小艇驮起，用利齿啃咬船舷，或者把人掀入冰冷的海水中。当它的小海象受到攻击时，它会奋不顾身与敌拼杀，保护小海象的安全。

海象寿命一般为30年左右。雌性生后5年成熟，雄性生后6年成熟。

海象

海象的肉和脂肪均可食用，所以它们就成了居住在阿拉斯加沿岸的爱斯基摩人的生活资料。海象的皮下脂肪相当厚，一头海象可炼油160～300千克。海象的牙可用于象牙雕刻。

北极冰原巨无霸——北极熊

北极熊生活和漫游于冰雪世界的北极海域，叫它白熊是因为它全身披白毛。北极熊只生活在北极，善于在海中游泳，可以在离岸300千米的海中沉浮。北极熊觅食时，大部分时间在冰上度过，它进入海洋时间短，是一种"仿海洋兽"哺乳动物。北极熊在冰窟里捕鱼，在浮冰上猎海豹。别看它身躯庞大，笨里笨气，可看准猎物之后，既凶狠又灵活。

当秋天降临北极时，母熊便开始成群结队地聚集在小岛的海边雪堆中挖洞做窝，母熊藏身窝中下崽。洞口附近，堆着一堵雪墙来挡风雪，雪积多了，洞口几乎被堵严，这样洞里面较外界暖和，洞内温度总是保持在0℃以上。这是因为冷空气被雪墙和雪门隔绝，加上母熊体躯壮大，放出的热量使得窝内格外温暖，母熊也便在温暖的窝中生育熊崽。初生的熊崽只有老鼠大，身上的毛稀稀落落，它整天整夜偎依在母熊的怀中取暖，母熊依靠消耗体内储存的大量脂肪来哺育熊崽，并在窝内半醒半睡地度过冬天，到第二年的4月前后才出洞觅食。

雄性北极熊是否冬眠呢？科学家经过长期研究观察发现，雄性北极熊是否要冬眠是由食物来决定的。北极熊所以要冬眠，不仅是为了防寒，而且也是为了度过严寒的冬季缺乏食物的困境。这是动物适应客观环境的一种本能。雄熊能找到食物，它就不冬眠，找不到食物它就要冬眠。

北极熊

蛙、龟、蛇等动物是一种变温动物，体温随着外界温度下降而下降，其新陈代谢也随之缓慢，因而冬眠。但北极熊的冬眠却是在秋天吃足食物后，钻进窝中进入半休眠状态，但其体温并不下降，新陈代谢机能也不缓慢，但却减少能量消耗，以此来度过食物奇缺的严冬。母熊进洞产仔，是"母性们"的特性和职责，与食物的丰欠无关。

北极熊为何如此能耐寒呢？科学家研究发现，秘密就在它有很厚的皮下脂肪层和生有很难渗进冰水的毛，而这种毛形成的空气层，起着良好的保温作用。北极熊的耳朵和尾巴都很小，从身体表面散发的热量很少，所以北极熊的整个身体是适合于保存热量的。

处在饥饿中的北极熊是相当凶残的。这里我们讲一个北极附近埃奇西亚岛上发生的悲剧。

　　岛上的研究站只有皮特一人，朋友乔治来后，岛上也只有两个人。研究的主要对象是驯鹿群。因为西部海滩暖和，海滩和山脚下的大片草地是驯鹿的栖息地。但这个岛的北部生活着1000～3000只北极熊。一般夏天一过，北极熊就随浮冰离开小岛，只有少数母熊和小熊留在岛上。

　　乔治害怕北极熊，他一来到岛上就向朋友皮特请教对付北极熊的防身办法。皮特告诉他，只要在木棍上粘上油，一见熊就点火，把火把往熊鼻子上塞，熊就会跑掉。乔治在那里生活了一个星期，并没有遇到北极熊，因此两人身边都不带枪，只带火把。

　　一天早晨，他俩来到一片草地，数过驯鹿的头数，乔治采集了一些植物标本。到下午6点，两人回到铁皮做的研究站，准备吃晚餐。突然，皮特发现一只还未成年的北极熊，发疯似地对海边一只橡皮艇发起攻击，又咬又撕。皮特急了，赶紧点着火把冲出房去。留在房内的乔治看不清屋外皮特的位置。皮特用火把把熊驱离那艘皮艇之后，北极熊却突然对皮特发起了攻击。

　　皮特一看来者不善，他用火把向熊投掷而去，然后转身向只有5米远的铁房门跑去，不幸，踩在一块碎冰上跌倒了。就在这一瞬间，北极熊猛扑过来，两只粗壮有力的爪把他死死摁在地上，张开血盆大嘴，一口咬住了他的头。皮特闪过一个念头，北极熊吃海豹时，总是先将海豹头咬碎，然后吃肉。莫非对他也如此吗？

　　由于神经高度紧张，皮特不知道痛，只听到北极熊咬自己头颅的声响，一大块头皮被撕下来。他大声叫喊：“乔治，快！救命！”

　　乔治钻出铁门一看，吓得面无血色，全身哆嗦。他发现皮特全身是血，头皮撕开的地方露出白骨。那熊正喷着鼻息，准备再次咬皮特的头颅。乔治立即点着一个火把，冲到北极熊身边，对着熊鼻子捅过去。谁知北极熊放了一个鼻子屁，把火把扑灭了。乔治冲进屋又点着第二个火把，他用火把顶着熊颈子，把熊的毛烤得吱吱作响，发出一股臭味。但那畜牲继续咬着皮特的头颅。乔治急眼了，不顾一切地把北极熊推开，终于把熊吸引到了自己身边。皮特趁机从地上爬起来，血肉模糊地爬进了那扇铁门。

　　乔治跟北极熊继续纠缠，跟这个庞大凶猛的畜牲跳起“死亡双人舞”。北

极熊一次次发起攻击，把乔治胸部和臂部都抓得皮开肉绽，浑身是血。乔治退到铁皮门口，摇摇晃晃冲进房子，"呼"地一声把铁门关上，插牢了门闩。

屋里的情况相当糟糕，皮特已经昏迷。乔治找到一只急救包，把皮特的头皮贴回去，又用酒精消毒，包上绷带，然后把皮特抱到床上，用毯子盖好。

乔治开始清理自己的伤口，肩上血肉模糊，有两块肉被撕裂，露出了白骨。他咬紧牙关，忍住一阵阵眩晕，用肥皂清洗伤口。等他清洗完伤口后，已经是筋疲力尽了。

乔治约好考察船星期三来接他，可是出事这一天是星期天，离船来还有三天。皮特失血过多，经常昏过去。乔治用无线电发出求救信号，并在房顶挖了一个孔，朝天发射照明弹，可惜没有过往船只。

乔治经常听到那只北极熊还在门外啃那些丢弃的鲸鱼骨和驯鹿骨，那声音令他心惊肉跳、毛骨悚然。

乔治不敢生火做饭，害怕北极熊见到烟又会向房子发起攻击，只好吃点干粮。那天夜里，他迷迷糊糊醒来，发现有爬墙壁的声音，他从窗口朝外一看，天啊！那只北极熊在爬厨房的窗口，鼻子和前爪紧贴着玻璃窗，两眼死死盯着他。星期二的晚上，他又听到房底下好像有响声，担心北极熊会从下面攻进来。

星期三总算盼到了，船终于靠上了岛，6名游客登岸。船长用望远镜观察，发现考察站没有一点动静，而报务员却收到了考察站的呼救信号。船长立即向西斯匹次卑尔根群岛警察报告了考察站的情况。警察立即乘直升机赶到，发现北极熊还在考察站周围转。直升机降落后，警察在离熊200米处开枪射击，一枪就把北极熊击毙了。救护人员进屋时，看到一片凄惨景象，到处血迹斑斑，伤口化脓的臭气弥漫全屋。

皮特和乔治终于脱离熊口得救了。

传说中的美人鱼——海牛与儒艮

古今中外，有许多关于"人鱼"和美人鱼的传说。中国古代有叫谢中玉的人在《稽神录》一书中记有："一腰下以鱼的妇女。常出没水中。"日本《和汉三才会图》一书记载："……在西海的大洋中，有头像妇女，下半身像鱼的动物，无鳞，无脚。在两个鳍上有蹼，看上去似人手，常在暴风雨袭来之前出现。"古代欧洲人描绘的人鱼，也是下身似鱼，上身似妇女，有一对乳房，牛头、鸭脚、青面獠牙。尽管不同地区对美人鱼形态的描述略有小异，然而对它栖息场所的记载却是都相同，都说它生活在海中。古代希腊、埃及关于美人鱼的传说就更是神化了，把它们说成会唱歌的美丽海妖，当水手沉醉在它那美妙的歌声里时，船便失去操纵，驶到不可知的世界，再也不能回来，而且从海难中逃回的人们也说似乎听见了歌声。那么美人鱼的名称是怎么来的？到底海洋中有没有美人鱼呢？

原来海牛和儒艮在胸部都有1对乳房，乳房的位置与人相似，母兽以前肢拥抱仔兽喂奶，头部和胸部露出水面，宛如人在水中游泳，故有"美人鱼"之称。海牛和儒艮的长相实在难看，人们常说猪是最丑陋的动物，而它们的面容比猪还要难看。上唇形成一个平的圆盘状，宛如猪的圆而平的鼻头，只是比猪的圆盘更大一些而已。整个头部为这个圆盘所占据，鼻孔被挤到头顶上，小眼睛，毛耳壳。圆盘上

儒 艮

生有粗硬的触须。这副模样，实在是跟"美人鱼"雅号有天地之别。"美人鱼"这个名字，实际上是那些没有见过它的人想象出来的，本来丑陋的动物，就变成了誉满全球的十分温顺可亲的"美人鱼"了。

在海洋动物中，没有什么动物比得上海牛更温和、更谦恭的了。它们有一种与众不同的笨拙的美，一种独特的优雅风度。这种与世无争的动物，吃的是海草、海藻，从来不给邻居找麻烦，也从来不打架，也不会对人攻击，甚至海牛妈妈去救助她的幼仔时，也没有狂怒行为。生活在美国佛罗里达沿海的海牛，只有千来只，如今被沿岸50万条大小游艇所威胁，海牛

动作缓慢，来不及躲避游艇，常常被游艇螺旋桨划得皮开肉绽，但没有一条游艇被海牛攻击过。

海牛类动物代表着一群生活在海洋或江河中的哺乳动物。它们共分5种，其中一种体长7~8米，体重4~5吨的大海牛，生活在白令海域，早在240年前就被人屠尽杀绝了。世界现存4种：①生活在红海、印度洋、印尼、澳大利亚和我国台湾、广西海域中的儒艮，也叫南方小海牛；②生活在墨西哥湾和加勒比海的美洲沿岸的美洲海牛；③生活在亚马孙河的亚河海牛；④分布于由塞内加尔向南至安哥拉的非洲西岸的非洲海牛。现存的四种海牛，都是"顺民"的食草动物。一头海牛每天大约要吃掉45千克的海藻。人们正饲养海牛来清除海道中的杂草。它们性情温和、行动迟缓，同时不远离岸边。它们体长1.5~2.7米，灰白皮肤，膘肥肉胖，脂肪很厚，油可入药，可提炼润滑油，肉质软而味美，皮可制革。正因为如此，常常遭厄运，如果人类不加保护，总有一天会灭绝。

海 牛

最古老的哺乳动物——鸭嘴兽

鸭嘴兽是奇特的动物，分布于澳大利亚东部约克角至南澳大利亚之间。它是最古老而又十分原始的哺乳动物，早在2500万年前就出现了。它本身的构造，提供了哺乳动物由爬行类进化而来的许多证据。

它的体温很低，而且能够迅速波动。雄性鸭嘴兽后足有刺，内存毒汁，喷出可伤人，几乎与蛇毒相近，人若受毒刺伤，即引起剧痛，以至数月才能恢复。

鸭嘴兽

鸭嘴兽生长在河、溪的岸边，它的大多时间都在水里，皮毛有油脂能使它身体在较冷的水中仍保持温暖。在水中游泳时它是闭着眼的，靠电信号及其触觉敏感的鸭嘴寻找在河床底的食物。它以软体虫及小鱼虾为食。

鸭嘴兽生殖是在它的岸边所挖的长隧道内进行的。它一次可最多生3个蛋。6个月的小鸭嘴兽就得学会独立生活，自己到河床底觅食了。

鸭嘴兽能潜泳，常把窝建造在沼泽或河流的岸边，洞口开在水下，包括山洞、死水或污浊的河流、湖泊和池塘。它在岸上挖洞作为隐蔽所，洞穴与毗连的水域相通。它是水底觅食者，取食时潜入水底，每次大约有1分钟潜水期，用嘴探索泥里的贝类、蠕虫、甲壳类小动物、昆虫幼虫、其他多种动物性食物和一些植物。

单独散居的动物——水貂

水貂主要栖息在河边、湖畔和小溪，利用天然洞穴营巢，巢洞长约1.5米，巢内铺有鸟兽羽毛和干草，洞口开设于有草木遮掩的岸边。以扑捉鸟类、两栖类、鱼类、以及鸟蛋和某些昆虫为食。水貂听觉、嗅觉灵敏，活动敏捷，善于游泳和潜水，常在夜间以偷袭的方式猎取食物，性情凶残。除交配和哺育仔貂期间外，均单独散居。

水貂皮坚韧轻薄，毛绒细而丰厚，

水 貂

张幅大，色调淡雅美观，是毛皮中珍贵的高级制裘原料皮，价值不菲。正因为如此，水貂遭到人们的大肆捕猎，数量急剧下降，形势不容乐观。一般认为过度捕猎和生境破坏是导致其受威胁的主要原因。但考虑到水貂的栖息范围很广，故长期以来作为主要毛皮兽而遭过度捕杀，也许是更主要的原因。目前在一些水貂分布范围内建立的自然保护区，当可对保护水貂有一定作用。

半水栖兽类——水獭

　　水獭是半水栖兽类，它们傍水而居，常独居，不成群。多居自然洞穴，常爱住僻静堤岸有岩石隙缝、大树老根、蜿蜒曲折、通陆通水的洞窟。有时也栖息在竹林、草灌丛中，一般有一定的生活区域。往往在一个水系内从主流到支流，或从下游到上游巡回地觅食，亦能翻山越岭到另一条溪河，洪水淹洞或水中缺食时也常上陆觅食，滨海区的水獭尚有集群下海捕食的习惯。

水　獭

　　它们昼伏夜出，以鱼类、鼠类、蛙类、蟹、水鸟等为主食。善于游泳和潜水，一次可在水下停留 2 分钟。捕起鱼来像猫捉老鼠一样快捷，捕食前常在水边的石块上伏视，一旦发现猎物，即迅速扑捕。水獭嗜好捕鱼，即使饱腹之后，它们还会无休无止地捕杀鱼类，因而对养鱼业危害极大。但聪明伶俐的水獭，经过半年训练，就可以成为一名为渔民效劳的捕鱼能手。

　　水獭的主要食物是柳、桦、白杨、小叶杨等落叶树上较高较嫩的软枝内皮。它们不会爬树，而是用门牙把小树啃倒再吃。一对成年水獭可以在 15 分钟内啃倒一棵直径 10 厘米粗的树。